CATIA V5R20 基础入门与实例详解

田于财 编著

U0190468

重庆大学出版社

内容提要

本书以 CATIA V5R20 版本为基础,根据编者多年来在三维建模领域的工程实践和教学经验编写而成,介绍了 7 个设计模块:CATIA 简介、草图设计、零件设计、创成式外形设计——线框设计、创成式外形设计——曲面设计、装配、工程图。本书力求帮助读者掌握 CATIA V5R20 设计模块中建模工具的基本操作,同时通过一定量的工程实例训练,提高读者分析并解决实际问题的能力。

本书可作为普通高等院校车辆工程、机械设计制造及其自动化等专业三维建模实践课教材,也可供有关工程技术人员参考。

图书在版编目(CIP)数据

CATIA V5R20 基础入门与实例详解 / 田于财编著

. --重庆:重庆大学出版社,2019.8(2023.8 重印)

机械设计制造及其自动化专业应用型本科系列教材

ISBN 978-7-5689-1562-5

Ⅰ.①C… Ⅱ.①田… Ⅲ.①机械设计—计算机辅助

设计—应用软件—高等学校—教材 Ⅳ.①TH122

中国版本图书馆 CIP 数据核字(2019)第 095392 号

CATIA V5R20 基础入门与实例详解

田于财 编著

策划编辑:范 琪

责任编辑:文 鹏 版式设计:范 琪

责任校对:邬小梅 责任印制:张 策

*

重庆大学出版社出版发行

出版人:陈晓阳

社址:重庆市沙坪坝区大学城西路 21 号

邮编:401331

电话:(023) 88617190 88617185(中小学)

传真:(023) 88617186 88617166

网址:http://www.cqup.com.cn

邮箱:fxk@ cqup.com.cn(营销中心)

全国新华书店经销

POD:重庆愚人科技有限公司

*

开本:787mm×1092mm 1/16 印张:15.25 字数:354 千

2019 年 8 月第 1 版 2023 年 8 月第 3 次印刷

ISBN 978-7-5689-1562-5 定价:45.00 元

前 言

　　三维建模是机械类各专业学生必修的实践性专业技术基础课。随着工业技术的发展,利用 CAD 进行三维建模,已经广泛成为工业领域进行产品设计、产品优化设计的必备技能。本书正是迎合了工业领域大、中、小型企业的这种需求,以居世界 CAD/CAE/CAM 领域领先地位的 CATIA 为学习内容,在总结作者多年教学实践经验的基础上,着眼于培养应用型工程技术人才的目标编写而成的。本书的内容编排力求循序渐进,强调理论和实际应用相结合,设计案例贴近生产实际,以此提高学生动手设计的能力,推动应用型技术人才的培养。

　　本书具有以下特点:

　　(1)内容简明、实用,具有科学性和系统性。书稿在编写中,采用了简单易学的 CATIA V5R20 版本。

　　(2)内容基本涵盖产品设计需要,包括平面草图设计、零件设计、创成式外形设计、装配设计、工程出图等各个操作模块,可使学生较全面地掌握 CATIA 软件。

　　(3)在讲解基本操作的基础上注重工程实际的应用,采用大量实例和练习来加强学生对基本操作的理解和应用。同时,建模造型中融入编著者对工程实例操作的理解,使学生在学习中能达到事半功倍的效果。

　　(4)考虑到学生的自学需要,站在初学者的角度,力求语言通俗易懂,具体操作精细到每一步,帮助初学者轻松、高效地学习。

　　本书由田于财编著,编写了前言和第 1、2、3、6、7 章。重庆邮电大学移通学院郭书睿、成守荣、贺坤、刘健、向亚洲参与了本书部分内容的编写。成守荣、刘健、向亚洲参与编写了第

1

4 章,郭书睿、贺坤参与编写了第 5 章,苏茂婷在编著中对排版、资料搜集做了大量工作。另外,本书在编写过程中得到了单位各级领导的关心和支持,重庆邮电大学移通学院汪纪锋教授、党晓圆副教授、李洁老师、张涛然老师在本书的编写过程中提出了很多有益的建议,在此一并表示感谢。

由于编者水平有限,书中不当之处在所难免,恳请读者批评指正。

编著者

2019 年 1 月

目 录

第 **1** 章

CATIA 简介

CATIA 是法国达索公司开发的一款高端的 CAD/CAE/CAM 一体化软件,在世界的 CAD/CAE/CAM 行业中处于领导地位。

CATIA 设计系统包括产品的概念设计、工业制造设计、分析计算模拟仿真、数控加工,工程出图等方面。目前,其应用范围已涉及机械、汽车、模具、航空航天、数控加工、船舶制造、厂房设计、电力与电子、消费品和通用机械制造等多个行业。

随着现代技术的发展,CATIA 设计软件将受到更多设计人员的青睐。本章将介绍 CATIA V5 软件的发展史和相关功能模块与 CATIA 软件的操作技巧。

1.1 CATIA 软件的发展史

CATIA 是英文 Computer Aideed Tri-Dimersional Interface Application 的缩写。它面世于 1981 年,从 1982 年到 1988 年相继发布了 V1 版本、V2 版本、V3 版本,并于 1993 年发布了 V4 版本。CATIA V5 的开发始于 1994 年,是在 Windows 系统下重新开发的设计系统,是 IBM 和达索公司长期以来为数字化企业服务过程中不断探索的结晶。

随着 CATIA 的成熟度日趋完善,2002 年以后,达索公司进行了一系列并购,不断地丰富和完善产品线,致力于为不同的行业提供完整的产品解决方案,同时,在原有产品的基础上进行持续创新。

围绕数字化产品和电子商务集成概念进行系统结构设计的 CATIA V5,可为数字化企业建立一个针对产品完整开发过程的工作环境。在这个环境中,可以对产品开发过程的各个方面进行仿真,并能够实现工程人员和非工程人员之间的电子通信。产品整个开发过程包括概念设计、详细设计、工程分析、成品定义和制造乃至成品在整个生命周期中的使用和维护。新的 V5 版本界面更加友好,功能也日趋强大,并且开创了 CAD/CAE/CAM 软件的一种全新风格。

如今,CATIA 软件成功地应用于航天航空领域,其中最著名的案例法国幻影 2000 和阵风两款战斗机便是通过 CATIA 软件设计并进行无图纸生产的,而更多的汽车生产厂商也相继使用 CATIA 软件提高设计精度和效率。

1.2　CATIA 的功能模块介绍

在进入 CATIA V5 时,系统会进入一个装配设计平台。用户界面主要由标题栏、菜单栏、指南针、绘图区、工具栏、消息提示区组成,如图 1.1 所示。

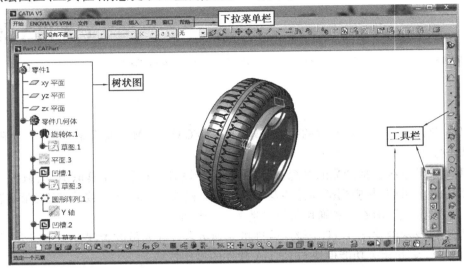

图 1.1　用户界面

菜单栏包括"开始""文件""编辑""视图""工具""窗口""帮助"。

"开始"下拉菜单栏包括"基础结构""机械设计""形状""分析与模拟""AEC 工厂""加工"等,如图 1.2 所示。

图 1.2　模组菜单栏

图 1.3　"机械设计"模组

1.2.1　"机械设计"模组

"机械设计"模组包括"零件设计""装配设计""草图编辑器""焊接设计""模架设计""工

程制图""型芯于型腔设计""辅助曲面修补""钣金件设计""线框于曲面设计""创成式钣金设计"等模块。这些模块包含了产品的整个设计过程,为用户快速完成设计目标提供了相应的工具命令,如图 1.3 所示。

1.2.2　"形状"模组

"形状"模组主要包括"自有曲面""影像草图""想象和外形""创成式外形设计""ICEM 航空曲面设计"等模块,其中,"创成式外形设计"模块是参数化的曲面设计模块,能快速完成各种曲面造型设计目标,如图 1.4 所示。

1.2.3　"加工"模组

"加工"模组主要用于各种数控加工程序的创建和编辑。不仅可在此模组中创建简单产品和复杂曲面产品的加工程序,并且能方便地管理相关的数控程序。它主要包括"车床加工""二轴半加工""曲面加工""高级加工"等模块,如图 1.5 所示。

图 1.4　"形状"模组　　　　　　　图 1.5　"加工"模组

1.2.4　"数字化装配"模组

"数字化装配"模组主要用于各种装配体的运动装配分析和查看以及设计优化等方面的相关操作。关于数字化装配模组的子模块,如图 1.6 所示。

1.2.5　"分析与模拟"模组

"分析与模拟"模组主要用于对已创建的零件或装配体图形进行相应的工程分析。它包括高级网络化工具和基本结构分析模块,如图 1.7 所示。

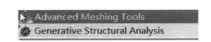

图 1.6　"数字化装配"模组　　　　　图 1.7　"分析与模拟"模组

1.3　设置用户储存目录

在使用 CATIA V5 进行产品造型时,应注意文件储存的管理操作。有经验的设计人员,会通过使用一个专门储存 CATIA 数据的文件夹来管理相关设计文件。

设定 CATIA 快速储存目录的操作方法如下:

第 1 步:在计算机 D 盘或其他磁盘中新建一个名为"WORK"的文件夹,然后在文件夹中新建一个名为"CATIA V5"的文件夹。

第 2 步:选取桌面上 CATIA 的快捷图标，单击鼠标右键并选择"属性"选项,如图 1.8 所示。

图 1.8　"属性"对话框

第 3 步:单击"属性"对话框中的"快捷方式"选项卡,然后在此选项卡中的"起始位置"文本框中输入"D\WORK\CATIA V5"以指定 CATIA 软件的默认保存路径,最后单击"确定"按钮完成储存目录的设置。

通过上述设置,在保存 CATIA 数据文件时,系统将自动使用设置的存储目录文件为数据保存文件,全面提高工作效率和减少文件管理风险。

在用户界面中单击文件下拉菜单栏会有保存选项,根据需要可以选择"保存"或者"另存为",如图 1.9 所示。

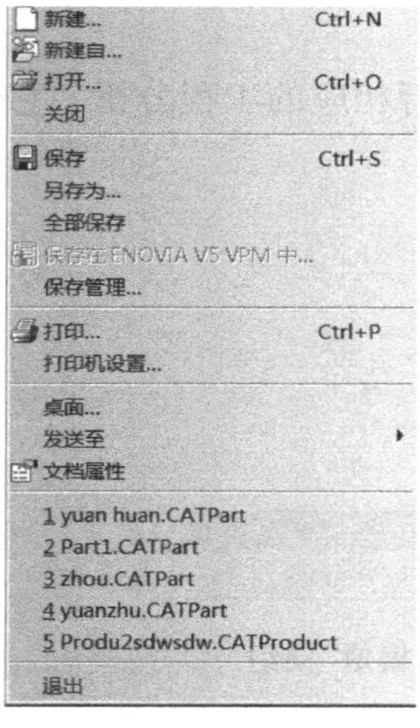

用户界面左下角有储存图标，通过它们也可以保存。选择"另存为"之后会出现一个选择界面,如图 1.10 所示,即可选择保存的位置,还可以选择文件格式。

图 1.9　"保存"选项

图 1.10　"另存为"对话框

1.4　特征目录树

在绘图区的左上角,CATIA 系统提供了实时显示相关活动零件或特征的特征目录树。在造型过程中,系统会根据特征或零件添加顺序,在特征目录树中添加相应的名称显示节点。

CATIA 的特征目录树记录了零件、装配件的所有特征的顺序、名称、编号以及状态等,每一个特征名称前都将显示该特征命令的小图标。还可以在特征节点上单击鼠标右键并从弹出的快捷菜单中选择"删除""隐藏/显示""复制"等命令,如图 1.11 所示。

在特征节点上单击鼠标右键,选择"定义工作对象"选项,可将此特征后续的各特征进行临时压缩并将用户的操作位置添加至此节点之后。在零件设计平台,特征目录树主要显示其相关的命令特征;而在零件设计平台,特征目录树主要显示各个零件,可以展开各个零部件列表再显示其相关特征。零件与装配的特征目录树显示,如图 1.12 所示。

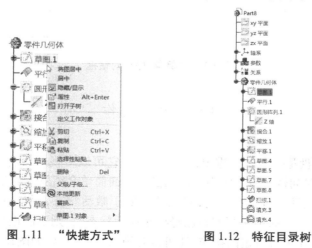

图 1.11　"快捷方式"　　　　**图 1.12　特征目录树**

1.5　标准工具栏

首次进入 CATIA 的各个设计平台时,各命令工具都集中放在画图窗口的右侧和下侧。由于受到界面宽度的限制,界面右侧和下侧都不能将所有的工具栏都显示出来。因此,可拖动各个工具栏来调整所有工具栏的位置,也可以单击工具栏右上角的  来隐藏工具栏。在右侧和下侧单击鼠标右键可以找到隐藏的工具栏。

图 1.13　"平面"及"草图"按钮

其中,草图工具栏需选择 XY、YZ、ZX 其中一个平面后才能进入,如图1.13所示。

针对视图的"缩放""平移""旋转"以及"方位视图""视图模式和图形显示""隐藏"等命令的工具栏,如图1.14 所示。全部适应按钮可以将视图调至屏幕中间最适合的大小。平移按钮可以拖动视图进行左右平移或上下平移;也可以按住鼠标中键不放并移动鼠标,图形即可随着鼠标移动。旋转按钮可以让图形进行旋转;也可以通过按住鼠标中键不放,再按鼠标右键,即可对图形进行旋转。缩放按钮可以对图形进行缩小和放大;也可以通过按住鼠标中键不放,再单击一次鼠标右键并上下移动鼠标,即可对图形进行缩放。多视图可调整图形的视图方向。隐藏按钮可以隐藏图形。

图 1.14　"视图"工具栏

在 CATIA 的日常操作中,设计人员常需要在不同的系统中交换设计数据,这就需要转换文件格式。在"保存类型"下拉列表中选取 CATPart 文件格式,系统即可将图形文件保存为选定的文件格式,如图 1.15 所示。

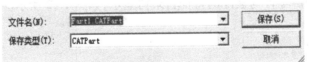

图 1.15　"保存类型"对话框

1.6　罗盘操作

在 CATIA 中,罗盘是一个非常重要的工具,通过它可以对视图进行移动、旋转等多种操作,而且在操作零件时同样有着非常强大的功能。下面简单介绍罗盘的基本功能。

"罗盘"默认在文件窗口的右上角,并且总是处于激活状态,用户可以单击"视图"|"罗盘"命令来隐藏或显示罗盘,但是当罗盘已经处于激活状态时,则不能进行隐藏操作。使用罗盘既可以对待定的物体进行特定的操作,还可以对视点进行操纵,如图1.16所示。

　　图中,字母 X、Y、Z 表示坐标轴的名称,Z 坐标轴起到定位作用。靠近 Z 轴的点是"自由转把手",用于旋转罗盘,同时文件窗口中的物体也随之旋转。红色方块是"罗盘操纵把手",用于拖动罗盘,也可以将罗盘置于物体上进行操作,使物体绕该点旋转。罗盘的底部,XY 平面是"优先平面",也就是基准平面。

　　值得注意的是,罗盘既可用于操纵未被约束的物体,也可以操纵彼此之间有约束关系并属于同一装配体的一组物体。

图 1.16　罗盘

1.6.1　视点操作

　　该操作是指使用鼠标对罗盘进行简单的拖动从而对视点进行操作,这仅仅是对文件窗口中的物体进行平移或者旋转的另一种方法。

　　将鼠标指针移至罗盘处,鼠标指针会变为手形,且鼠标指针所过之处,坐标轴、坐标平面的弧形边缘以及平面本身皆会以亮色显示。当对罗盘进行拖动时,张开的手形会变为抓拢的手形。

　　用鼠标抓住罗盘上的轴线(该轴线会以亮色显示)并移动,文件窗口内的物体也会沿着该轴线移动,但罗盘本身并不会移动。

　　用鼠标抓住罗盘平面上的弧线(该弧线会以亮色显示),绕该平面的法线旋转,文件窗口内的物体也会绕该法线旋转,同时,罗盘本身也会旋转。而且,鼠标指针离红色方块越近,旋转越快。

　　用鼠标抓住罗盘上的平面(该平面会以亮色显示)并移动,则文件窗口内的物体和空间也会在此平面内移动,但是罗盘本身不会移动。

　　用鼠标抓住罗盘 Z 轴顶端的圆点(该点会以亮色显示)并移动,罗盘会以红色方块为中心点自由旋转,并且文件窗口的物体和空间也会同时绕该点旋转。

　　用鼠标指向罗盘上的 X、Y 或者 Z 字母(该字母会以亮色显示),然后单击该字母,则会以垂直于该轴的方向显示物体,再次单击该字母,视点方向会反向。

1.6.2　物体操作

　　使用鼠标和罗盘不仅可以对视点进行操作,而且可以把罗盘拖动到物体上,对物体进行操作。将鼠标指针移至"罗盘操纵把手"上,指针形状会由单向箭头变为四向箭头,然后拖动罗盘,四向箭头会变为抓拢的手形。

　　将罗盘拖动至物体上然后释放,罗盘会以亮色显示(系统默认为绿色),用户可以通过单击"工具"|"选项"命令进行修改。此时,字母 X、Y、Z 会变为 W、U、V。这表示坐标轴不再与文件窗口右下角的绝对坐标相一致。这时,就可以按以上介绍的对视点的操作方法对物体进行操作了。

　　将罗盘拖动至离开物体的位置,释放鼠标,罗盘就会回到窗口右上角的位置,但是不会恢复为默认的方向。欲使罗盘的方向恢复为默认方向,可以将其拖动至窗口右下角的绝对坐标。

1.6.3　编辑

　　将罗盘拖动至物体上,单击鼠标右键,在弹出的快捷菜单中选择"编辑(Edit)"命令,或者双击罗盘,会弹出"用于指南针操作的参数"对话框,如图 1.17 所示。

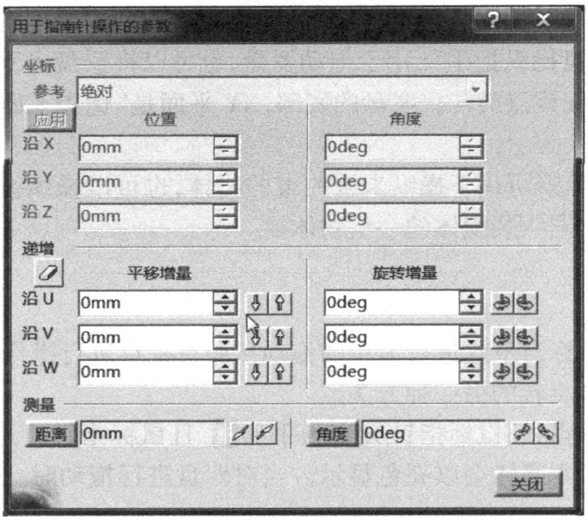

图 1.17 "用于指南针操作的参数"对话框

在进行下述操作的过程当中,该对话框要始终处于打开状态,并且当前对话框中的坐标值为"罗盘操纵把手"的坐标。在该对话框中,供选择的坐标系有"绝对"坐标系和"活动"坐标系。"绝对"坐标系是指物体的移动是相对于绝对坐标的;"活动"坐标系是指物体的移动是相对于激活的物体的。定义激活物体,只需在特征树中双击该物体,而该物体则会以蓝色亮色显示。此时就可以对罗盘进行精确的移动、旋转等操作,从而对物体实现相应操作。

欲沿着罗盘的一轴线进行移动,只需在"沿 U""沿 V""沿 W"数值框中输入相应的距离,然后单击向下或者向上的箭头按钮即可。

欲绕着罗盘的一轴线进行旋转,同样只需在"旋转增量"区域的各数值框中输入相应的角度,然后选顺时针或者逆时针即可。

欲使物体沿所选的两个元素产生的矢量移动,则需单击"测量"区域的"距离"按钮,然后选择两个元素。这时对话框中的所有选项都会变为灰色,可供选择的元素包括:一个点、一条线或者一个平面。两个元素的距离值经过计算会在"距离"文本框中显示出来。当第一个元素为一条直线或者一个平面时,除了可以选择第二个元素以外,还可在"距离"文本框中输入相应数值。这样,就可选择箭头或者,沿着经过计算所得的平移方向的反向或者正向移动物体了。

欲使物体沿着所选择的两个元素产生的夹角进行旋转,则需单击"测量"区域的"角度"按钮,然后选择两个元素。这时对话框中的所有选项都会变成灰色。此时可选择直线或者平面,所产生的角度值经过计算会在"角度"文本框中显示。然后选择箭头或沿着经过计算所得的旋转轴负向或者正向对物体进行旋转。

可以随时单击"重置所有增量值"按钮,对"增量"区域的数值进行修改。

当罗盘在物体上时,可拖动罗盘的相应轴线或者弧线,使物体按照增量区域内的平移增量或者旋转增量进行平移或者旋转。当对话框关闭时,增量值也会被保存,这时利用罗盘对物体进行操作,其改变量只能是增量值。如果想自由地对物体进行操作,只需将对话框中的增量值重置为 0 即可。

1.7　环境设置

设置 CATIA V5 的工作环境是学习 CATIA 应该掌握的基本技能。合理设置 CATIA V5 的工作环境,对于提高工作效率、使用个性化环境具有极其重要的意义。

1.7.1　关于环境设置

下面讲解环境设置的一般知识,包括环境设置文件的种类和存储目录,实现环境参数设置的基本方法以及针对 CATIA V5 提供的系统默认设置而执行的优化设置。

1)环境设置文件的类型和基本设置方法

CATIA V5 版本可以创建两种类型的数据:包含在创建文档中的应用数据和不可更改的设置文件。其中,环境设置分为两种类型:临时性设置和永久设置。

2)设置文件的存储目录

在 Windows 系统中,CATIA 对于文档的保存十分便于一般数据文档和设置文件的日常管理。CATIA 提供了特定的组织结构形式,可以将用户数据、用户设置和电脑设置分别进行保存。

1.7.2　常规

在"选项"对话框左侧的项目树中单击"常规"项的展开按钮,相应地可展开"显示""兼容性""参数和测量""设备和虚拟现实"四个子项。在此不做具体的讲解,如有兴趣可自行研究或查阅其他参考资料。

1)"常规"选项

在工具下拉菜单栏中单击"选项"对话框左侧项目树中的"常规",对话框的右侧会显示出关于一般设置项的各个选项卡,如图 1.18 所示。

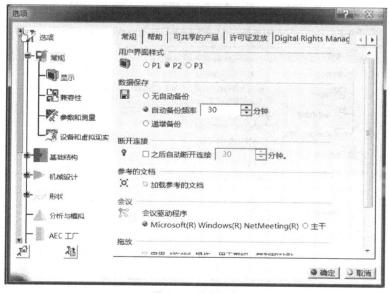

图 1.18　"常规"

2)"显示"选项

单击"选项"对话框左侧项目树中的"显示"选项,右侧会弹出针对显示设置的各个选项卡,如图 1.19 所示,包括"树外观""树操作""浏览""性能""可视化""层过滤器""线宽和字体"和"线型"等选项卡。在显示选项中的可视化小项中可以调节背景颜色和选定元素的颜色等,例如选定的第一个元素是橘黄色,第二个元素为黑色。其他选项都可以按照需求调整用户界面。

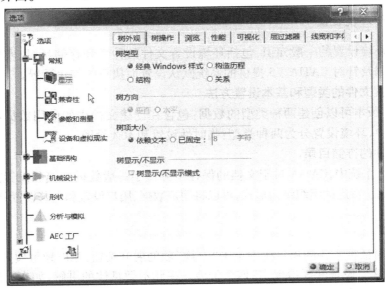

图 1.19 "显示"

3)"兼容性"选项

单击"选项"对话框左侧项目树中的"兼容性"选项,右侧会显示出众多的选项卡,可设置 CATIA V5 导出各种文件的兼容性参数,如图 1.20 所示。

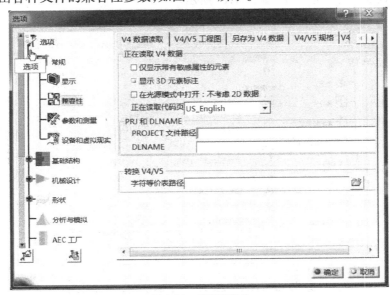

图 1.20 "兼容性"

4)"参数和测量"选项

单击"选项"对话框左侧项目树中的"参数和测量"选项,右侧会显示出"知识工程""单位""缩放""知识工程环境""生成报告""参数公差""测量工具"以及"约束和尺寸"等选项卡,可以进行 CATIA V5 中参数与测量的设置,如图 1.21 所示。

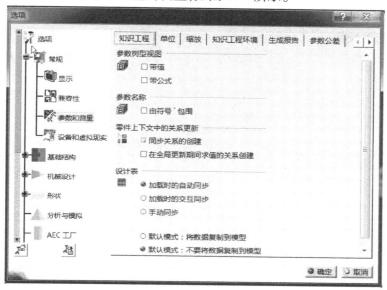

图 1.21　"参数和测量"

5)"设备和虚拟现实"选项

单击"选项"对话框左侧项目树中的"设备和虚拟现实"选项,右侧会显示出"设备"和"支持平板"选项卡,可以进行一些外部设置,如图 1.22 所示。

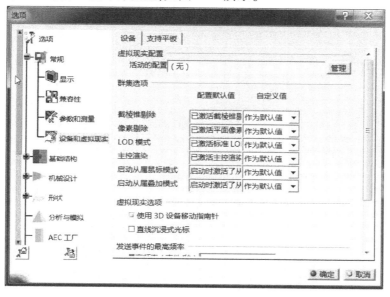

图 1.22　"设备和虚拟现实"

本章小结

作为 CATIA 的介绍章节,本章阐述了 CATIA 的发展史、功能模块、用户的一些基本设置和一些功能的相关操作。

第 **2** 章
草图设计

2.1 草图工作环境

草图设计在设计的工作中至关重要,它是整个设计的最基本环节。草图设计工作台作为一个独立的工作台,在设计时需要设置草图平面,下面讲解如何进入草图工作台和定位草图等操作。

草图设计模块可以快速、准确地设计二维轮廓,设计环境如图 2.1 所示。

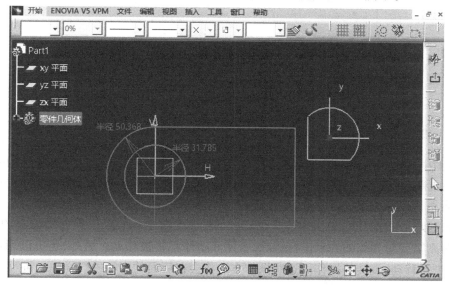

图 2.1 草图设计的环境

2.1.1 进入和退出草图工作台

草图设计通过草图设计模块来实现。

从零件设计环境进入草图设计环境,步骤如下:

选择菜单"开始"|"机械设计"|"零件设计"命令,进入零件设计环境。选取绘图平面。绘图平面可以是基准面、坐标平面或者形体的平表面,例如选取特征树的 XY 平面。单击"草图设计"按钮✍,即可进入草图设计工作台。完成草图设计时,可单击"退出工作台"按钮凸,完成草图的设计,返回零件设计环境。

另外,在修改和编辑现有的草图时,在设计树或设计环境中双击现有的草图,即可进入草图工作台,开始对草图进行编辑和修改。

2.1.2　草图环境的设置

单击"工具"选项框,选择"选项"命令就会出现一些专门针对草图工作台的设计,在左侧项目树中展开"机械设计"项,选择"草图编辑器"选项,如图 2.2 所示。在其中可对草图绘制环境进行相关设置。

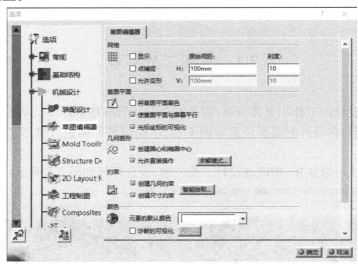

图 2.2　"草图编辑器"

2.1.3　草图元素的选择和移动

在草图中可以用鼠标左键对草图进行选择,图 2.3 表示单击鼠标左键对矩形的一条边进行选择。如果需要对多个元素进行选择,可以按住 Ctrl 键并同时用鼠标左键依次选择需要的对象,或者按住鼠标左键进行框选,如图 2.4 所示。

可按住鼠标左键对所画的图形进行拖动,如图 2.5 所示。如果所画的图带有约束(例如），这时则需要对相关的约束进行删除,否则其整体都将被移动。另外,还可以用草图中的一些工具进行移动、旋转等操作。这些操作方法将会在后面的内容进行详细的讲解介绍。

2.1.4　草图常用工具

草图设计工作台中有一个"草图工具"的工具栏,如图 2.6 所示,主要用于绘制轮廓时的一些辅助性操作。对于不同的命令,该工具栏会有不同的显示效果。

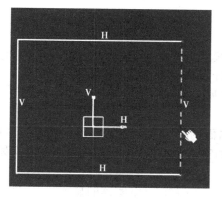

图 2.3　选择矩形边线

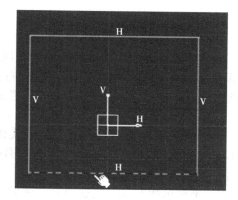

图 2.4　选择多个元素

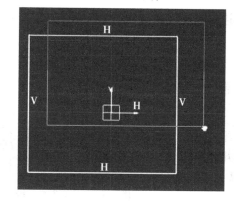

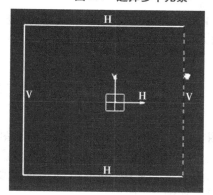

图 2.5　图形的选取与拖动

图 2.6　"草图工具"工具栏

"网格" ▦:显示和隐藏网格。网格用于绘制草图轮廓时的参考。另外一个网格标注长和宽是 10 mm。

"捕捉网格" ▦:用于捕捉网格,利于点的对齐。如果此按钮被激活,在绘制草图时,选择的点只可以是网格顶点。当"捕捉网格"被激活时,即使"网格"按钮没有被激活,捕捉功能依旧生效。

"构造/标准元素" ◎:建立构造元素,构造元素为虚线。在实际图形的绘制中,往往需要建立一些参考用的元素,这些用于参考的元素称为构造元素。构造元素的创建方法与标准元素的创建方法一样,唯一区别是在绘制时如果将此按钮激活,则生成构造元素。对已经生成的标准元素,如果单击此工具按钮,同样可以将它转化为构造元素。在生成多边形等几何图形时,系统会自动生成一些相关的构造元素。

"几何约束" ◈:激活此按钮绘制草图时,系统将自动生成相关的几何约束。其中的水平约束和铅锤约束即为自动生成。

"尺寸约束" ◳:激活此按钮,在绘制草图时自动生成尺寸约束,但是生成的尺寸约束是有条件的,只有利用工具栏输入的几何尺寸才会被自动添加。

2.1.5 "可视化"工具栏

"可视化"工具栏中有多种用于定义视图显示模式的工具按钮。通过对其相应视图的调整,有助于设计者快速地观察复杂的草图。"可视化"工具栏如图 2.7 所示,其主要功能如下:

图 2.7 "可视化"工具栏

"按草图平面剪切零件部件"按钮:实体或者曲面的存在可能会妨碍设计者观察草图,或者不便于分析草图与现有实体的关系。通过不同的实体显示方式,可以快速地分析实体与草图的关系。

"三维显示状态"按钮:通过对实体的不同显示,可以调整三维实体的显示状态,进而完成对实体的造型。

"约束显示设置"按钮:有助于用户快速地定义集合轮廓的位置和形状,通过显示不同的约束,可以清晰地观察草图的形状。

2.2 绘制图形

草图工作台中,有一系列用于创建草图二维轮廓的工具栏,其中有绘制点、线的工具,也有绘制矩形等几何图形的工具。其中,图形绘制工具主要位于"轮廓"工具栏,如图 2.8 所示。

图 2.8 "轮廓"工具栏

2.2.1 轮廓

"轮廓"工具用于绘制一些简单的、由弧和直线组成的轮廓。首先单击"轮廓" 按钮,此时工具栏发生变化,如图 2.9 所示。

图 2.9 "草图工具"工具栏

利用"草图工具"工具栏,可以连续地绘制直线和圆弧,从而完成一个连续轮廓的绘制。如果在平面上单击鼠标左键,单击处即为定位点,点和点之间存在绘制的直线,如图 2.10 所示。在线的末端如果按住左键不放,稍微移动鼠标后松开左键,即可绘制与此直线相切的圆弧,如图 2.11 所示。

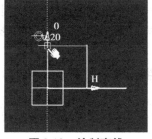

图 2.10 绘制直线

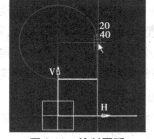

图 2.11 绘制圆弧

2.2.2　矩形

"矩形"按钮的下拉菜单中,可以看到有几个功能按钮,如图 2.12 所示。

图 2.12　"预定义轮廓"工具栏　　　　图 2.13　"草图工具"工具栏

①绘制水平方向的矩形。单击□按钮,则会出现"草图工具"的扩展工具栏,如图 2.13 所示。

● 两对角点确定矩形。输入一点之后,"草图工具"工具栏也随之改变为如图 2.14 所示图形,再输入一个不在同一水平或垂线上的点,即可得到特定矩形。

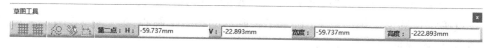

图 2.14　"草图工具"工具栏

● 一个点、矩形的宽度和高度确定矩形。输入一个点之后,在图 2.15 所示工具栏的"宽度"和"高度"编辑框内分别输入矩形的宽度和高度,即可得到特定矩形。宽度和高度的值可以是负值,表示沿坐标轴的反方向。

图 2.15　"草图工具"工具栏

②绘制任意方向的矩形。单击◇该按钮,则会出现"草图工具"的扩展工具栏,如图2.16 所示。

图 2.16　"草图工具"工具栏

● 三点确定任意方向的矩形。第一点 P1 确定了矩形的位置,第二点 P2 与第一点 P1 确定了矩形的宽度和角度,第三点 P3 与第二点 P2 的距离即为矩形的高度,如图 2.17 所示。

● 一点、宽度、角度和高度确定任意方向的矩形。如果输入了矩形的一个点 P1、宽度和角度(与水平的夹角),还需要输入矩形的高度或矩形的对角点 P2,如图 2.18 所示。

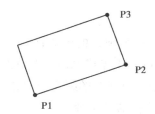

图 2.17　通过三点定位矩形

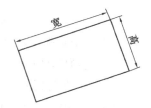

图 2.18　通过一点、宽度、角度和高度定位矩形

③绘制平行四边形。单击▱按钮,则会出现"草图工具"的扩展工具栏。

● 三点确定平行四边形。第一点 P1 确定了平行四边形的位置,第二点 P2 与第一点确定了平行四边形的底边,第三点 P3 确定了平行四边形的另一条边。

● 一点、宽度、角度和另一点确定平行四边形。如果输入了平行四边形的一个点 P1、宽度 W 和角度 A,则确定了平行四边形的底边,还需输入与 P1 对角的另一个点,才能确定该平行四边形。

● 一点、宽度、角度、另一边角度和平行四边形的高度确定平行四边形。输入了平行四边形的一个点 P1、宽度 W 和角度 A,则确定了平行四边形的底边,再输入另一边角度和平行四边形的高度,就确定了该平行四边形。

④绘制长圆形。单击 ⊙⊙ 按钮,则会出现"草图工具"的扩展工具栏。

● 圆弧半径、点、两圆心连线的长度和角度确定长圆形。如果输入了长圆形的圆弧半径 R、第一个圆心 P、两圆心连线的长度 L 和角度 A 即可得到一个长圆形。

● 三点确定长圆形。第一点 P1 确定了长圆形的第一个圆心,第二点 P2 确定了长圆形的第二个圆心,轮廓线通过第三点 P3。

⑤绘制弯曲的长圆形。该图形的特点是两个小圆弧的圆心在大圆弧内部,单击 ◎ 按钮,则会出现"草图工具"的工具栏扩展,如图 2.19 所示。

图 2.19　"草图工具"工具栏

● 小圆弧的半径和大圆弧的圆心、半径、起始角、包含角确定弯曲的长圆形。输入长圆形半径 R 和大圆弧的圆心 P、半径 R、起始角 A、包含角 S,即可得到一个长圆形,如图 2.20 所示。

图 2.20　"草图工具"工具栏

● 四点确定弯曲的长圆形。第一点 P1 确定了长圆形大圆弧的圆心,第二点 P2 确定了大圆弧上的一个小圆弧的圆心,第三点确定了大圆弧上另一个小圆弧的圆心,轮廓线通过第四点 P4。

⑥绘制钥匙孔。单击 ♀ 按钮,则会出现"草图工具"的扩展工具栏,如图 2.21 所示。

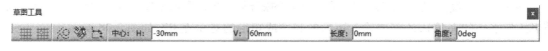

图 2.21　"草图工具"工具栏

钥匙孔有大、小两个圆弧。输入第一个点 P1,该点是钥匙孔大圆弧的中心;输入第二个点 P2,该点是钥匙孔小圆弧的中心;输入第三个点 P3,若 P3 点在 P1 点或 P2 点的外侧,P3 点与 P1 点或 P2 点的距离即为钥匙孔的半径,否则,P3 点到 P1、P2 点连线的距离为钥匙孔小半径,如图 2.22 所示;输入第四点 P4,P4 点到 P1 点的距离即为大圆弧的半径。

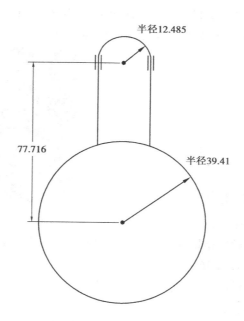

图 2.22　绘制钥匙草图

⑦绘制正六边形。单击  按钮,则会出现"草图工具"的扩展工具栏,如图 2.23 所示。

图 2.23　"草图工具"工具栏

输入一个点 P1,该点是正六边形的中心;再输入一个点 P2,该点是正六边形某条边的中心;再输入正六边形对边的距离和角度,即可得到正六边形。

⑧绘制中心矩形。单击 ⊡ 可绘制中心矩形。绘制中心矩形采用的是两点绘制,第一个点是该矩形的中心,第二点则是该矩形的四个顶点的某个。

⑨绘制中心平行四边形。单击 ⊿ 可绘制中心平行四边形,可以通过两点绘制中心平行四边形。绘制中心平行四边形必须要有两条引导线。这两条引线的交点(若没有相交,则是它们延长线的交点)则是该中心平行四边形的中点,它的两条边分别平行于两条引线。第二点则是该中心平行四边形的一个顶点。

2.2.3　圆和圆弧

1) 绘制圆

单击 ⊙,系统将显示绘制圆和圆弧的工具栏,如图 2.24 所示。

图 2.24　绘制圆和圆弧的工具栏

●⊙表示圆心、半径方式绘制圆。第一个点为圆心,两点连接为半径,或者直接输入圆心和半径即可得到特定圆。

●○表示三点方式绘制圆。输入不在同一直线上的三个点即可得到特定圆。

-  表示以对话框的方式绘制圆。单击该图标,将弹出如图 2.25 所示的对话框,按直角坐标或者按极坐标填写圆心的坐标和半径,即可得到特定圆。

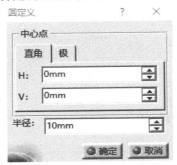

图 2.25 "圆定义"对话框

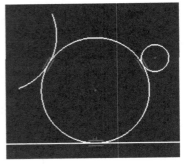

图 2.26 绘制相切圆

-  表示绘制与三个对象相切的圆。单击该图标,可任选三条直线或圆或圆弧,即可得到与被选对象相切的圆,如图 2.26 所示。
-  表示三点方式绘制圆弧。输入不在同一直线上的三点,第一个点为圆弧起点,第二点为圆弧上的点,第三点为圆弧的端点。
-  表示起点、端点、第三点方式绘制圆弧。与三点方式不同的是,最后一个点为圆弧上的点;也可以输入半径,但仍需要输入最后一个点以便确定圆弧在前两个点的哪一侧。
-  表示圆心、半径、起始角、包含角方式绘制圆弧。单击该图标,则会出现"草图工具"的工具栏扩展,如图 2.27 所示。

图 2.27 "草图工具"工具栏

2) 绘制圆弧

- 圆心、半径、起始角(A)、包含角(S)方式绘制圆弧。输入圆弧的圆心、半径、起始角即可得到如图 2.28 所示的圆弧。
- 三点确定起始角、包含角方式的圆弧。第一点 P1 为圆弧的圆心,第二点 P2 为圆弧的起点,也是圆弧的起始角,第三点 P3 确定了圆弧的终止角。

2.2.4 样条线和圆弧连接

单击图标 ,将显示它的下一级工具:

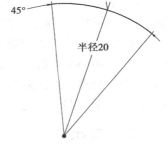

图 2.28 绘制圆弧

-  绘制样条曲线。单击该图标,依次输入控制点 P1 到 P7,即可得到如图 2.29 所示的样条曲线。绘制样条曲线的点数没有限制,若再次单击图标  或者按两次 esc 键,将结束绘制样条曲线。
-  圆弧连接:用圆弧连接两个图形元素,并与之相切。图像元素可以是直线、圆弧、圆、样条曲线或二次曲线。圆弧半径的大小与选择点有关,如图 2.30 所示。

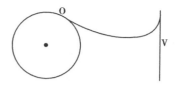

图 2.29　绘制样条曲线　　　　　　　图 2.30　绘制圆弧连接曲线

2.2.5　椭圆与曲线绘制

1）⬭ 绘制椭圆

单击该图标,则会出现"草图工具"的扩展工具栏,如图 2.31 所示。

图 2.31　"草图工具"工具栏

●输入椭圆中心、长轴半径、短轴半径和旋转角确定椭圆。输入椭圆的中心 P、长轴半径、短轴半径的长度和旋转角,即可得到如图 2.32 所示的椭圆。

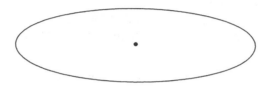

图 2.32　绘制椭圆

●三点确定椭圆。第一点 P1 确定了椭圆中心,第二点 P2 确定了椭圆长轴的一个端点,第三点 P3 确定了椭圆的形状,如图 2.33 所示。

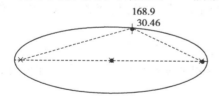

图 2.33　通过三点绘制椭圆　　　　　图 2.34　绘制抛物线

2）绘制曲线

●绘制抛物线。单击该图标,会出现一个扩展工具栏,依次输入抛物线的焦点 P1、顶点 P2、起始点 P3 和终止点 P4,即可得到如图 2.34 所示的抛物线。

●绘制双曲线。单击该图标,会出现一个扩展工具栏,依次输入双曲线的焦点 P1、中点 P2、顶点 P3、起始点 P4 和终止点 P5,即可得到如图 2.35 所示的双曲线。

●绘制二次曲线。单击该图标,会出现一个扩展工具栏,依次输入二次曲线的第一个顶点 P1、第二个端点 P2、曲线上的点 P3、P4 和 P5,即可得到如图 2.36 所示的二次曲线。

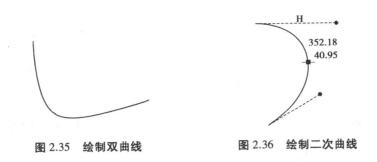

图 2.35　绘制双曲线　　　　　图 2.36　绘制二次曲线

2.2.6　绘制直线

单击图标 ∠ ,将显示它的下一级工具栏: ∠ / ∠ ∠ ↗ 。

① ∠ 绘制直线段。单击该图标,则会出现"草图工具"的扩展工具栏,如图 2.37 所示。

图 2.37　"草图工具"工具栏

- 起点、长度和角度确定直线段。
- 两点确定直线段。输入直线端点的两点即可确定直线。

② ∠ 绘制无限延长线。单击该图标,则会出现"草图工具"的扩展工具栏,如图 2.38 所示。

图 2.38　"草图工具"工具栏

- 绘制水平(或竖直)无限延长线。先单击 ⊑ 按钮(或 Ⅰ 按钮),再输入一个点即可得到水平(或竖直)无限延长线。
- 绘制其他方向的无限延长线。先单击 ∠ 按钮,再输入两点,或者输入一个点和一个角度即可得到其他方向的无限延长线。

③ ∠ 绘制双切线。单击任意画好的两个弧或圆就可得到弧或圆的双切线。

④ ∠ 绘制角平分线。单击已画好的两条线(这里的线也可以不用相交),即可得到两条线的角平分线。

⑤ ∠ 绘制曲线的法线。第一个点是曲线上的目标点,长度是法线的长度。

2.2.7　绘制轴线

绘制轴线的方法和绘制直线段的方法一样。

2.2.8　绘制点

单击图标 · ,将显示它的下一级工具栏: · ⋮ ∕ × ↓ 。

- · 绘制点。既可在它的工具栏里输入点的坐标,也可在屏幕上用鼠标直接单击一个位置,即可得到一个点。
- ⋮ 以对话框的形式绘制一个点。单击该图标,在随后弹出的"点定义"对话框中输入坐标或者极坐标即可绘制一个点。

图 2.39 "等距点定义"对话框

• 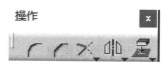创建等分点。单击该图标,选取待添加的直线或曲线,在随后弹出的如图 2.39 所示的"等距点定义"对话框的"新点"选项框中输入点的数量,即可添加指定数量的分布均匀的一些点。

• 创建交叉点。选取两个任意直线或弧线即可得到它们的相交点。

• 将所选的点投影到指定的图形上。选择一个或多个点(选择多个点时应同时按住 Ctrl 键)随后选择需要投影的图形。

2.3 图形的编辑

通过"轮廓"按钮工具栏中的工具按钮,可以实现轮廓的基本绘制。但此时完成的轮廓是未经过相应编辑的,需要进行圆角、倒角、裁剪、镜像拷贝投影等相关操作。经过编辑后,即可得到更加准确的轮廓。

图像编辑工具主要位于"操作"工具栏上,如图 2.40 所示。

图 2.40 "操作"工具栏

2.3.1 圆角

"操作"工具栏上第一个按钮为"倒圆角"按钮,用于在草图轮廓中进行圆角编辑。

单击"倒圆角"按钮,此时"草图工具"栏显示出倒圆角对原有元素的修剪方法,如图 2.41所示。

图 2.41 "草图工具"工具栏

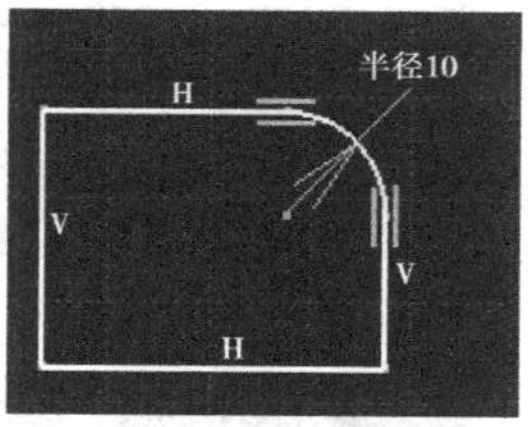

图 2.42 倒圆角后的图形

通过设置修剪方式和半径,即可完成圆角操作,如图 2.42 所示即为倒圆角结果。可根据目标选择是否保留或删除切线之外的多余线段。

• 删除圆角之外的多余线段。

• 删除圆角外第一个元素。

• 不删除圆角外的元素。

• 标准线修剪。

• 构造线修剪。

- 不修剪构造线。

2.3.2 倒角

"操作"工具栏中第二个工具按钮为"倒角"按钮,用于草图轮廓中进行倒角的编辑。
"倒角"工具按钮的"草图工具栏"如图 2.43 所示,默认将两条参考线修剪。

图 2.43 "草图工具"工具栏

图 2.44 倒角后的图形

通过设置相应长度和角度,即可完成倒角。如图 2.44 所示即为倒角的结果。

2.3.3 修改图像

单击图标,将显示含有修改图形对象的工具栏:。

- 修剪或延长。单击该图标,依次选择两条不平行的待剪切或延长的直线或曲线,它们的交点就是两个对象新的端点。若每个对象都有一个端点在选择点与交点之间(延长线相交),该对象延长至交点,如图 2.45 所示,否则(实际相交)缩短至交点,如图 2.46 所示。

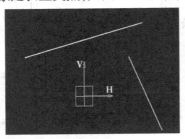
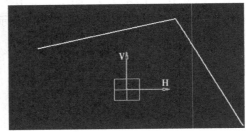

图 2.45 延长操作

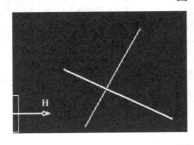
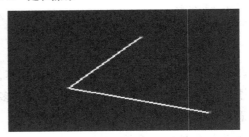

图 2.46 修剪操作

- 切断一条直线或曲线。如图 2.47 所示。

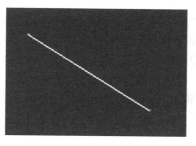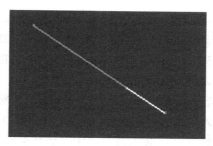

图 2.47　切断操作

- 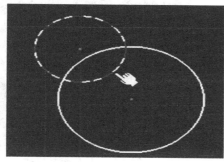快速修剪。快速修剪直线或曲线,若选到对象不与其他对象相交,则删除该对象;若选到的对象与其他对象相交,则该对象的包含选取点且与其他相交的一段被删除,每次只能修剪一个对象,如图 2.48 所示。

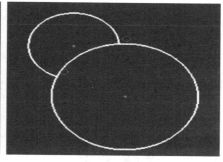

图 2.48　快速修剪操作

- 封闭圆弧或椭圆。单击该图标,选取圆弧或椭圆弧,即可将其封闭为完整的圆或椭圆。
- 改变为互补的圆弧或椭圆弧。单击该图标,选取圆弧或椭圆弧,生成与所选对象互补的对象并取代原对象。

2.3.4　图形的变换

单击图标,将显示含有图形变换的下一级工具栏:。

- 镜像。单击该图标,选取待对称的图形对象,再选取直线或轴线作为对称轴,即可得到原图形的对称图形。例如,选取轴左侧图形为对称对象,再选取轴线作为对称轴,即可得到如图 2.49 所示的图像。

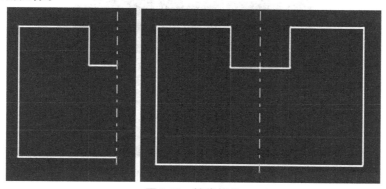

图 2.49　镜像操作

- 对称。该功能的使用方法和镜像操作一致,唯一的不同就是不保留原对象。
- → 平移或复制。单击该图标,选择所要移动的对象,再在屏幕上选择一个相对点后,会出现如图 2.50 所示的对话框。在"长度"对话框中输入长度,最后在选择要平移或复制的方向即可得到如图 2.50 所示图形。
- 旋转。单击该图标,选择所要移动的对象,再在屏幕上选择一个旋转点后,在"角度"对话框中输入角度,即可得到旋转后的图形。
- 比例缩放。此工具的使用方法和旋转工具一致。一个经过 1.1 倍放大的图形,如图 2.51 所示。

图 2.50 "平移定义"对话框

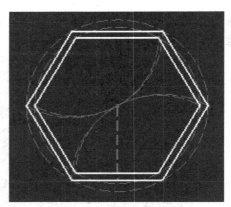

图 2.51 比例缩放操作

- 生成等距线。单击该图标,选择等距偏移对象即可偏移图形。如果是直线偏移,方向则是该直线的法线方向,且直线的长度不会发生改变;如果是圆弧线,偏移方向是该圆弧线的法线方向。曲线的长度会随着到该圆弧圆心的距离增加而增加。

2.3.5 三维投影

单击图标 ,将获得三维形体表面投影的工具栏: 。

- 获取三维形体的面、边在工作平面的投影。单击该图标,选取待投影的面或边,即可在工作平面上得到它们的投影,如图 2.52 所示。

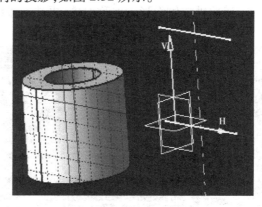

图 2.52 形体投影操作

● 获取三维形体与工作平面的交线。如果三维形体与工作平面相交,单击该按钮,选择求交的面或边,即可在工作平面上得到它们的交线或交点,如图 2.53 所示。

● 获得曲面轮廓的投影。单击该图标,选择待投影的曲面,即可在工作平面上得到曲面轮廓的投影,如图 2.54 所示。

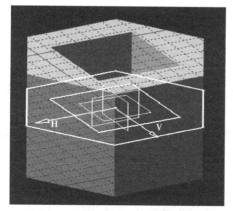

图 2.53　形体与工作平面的交线

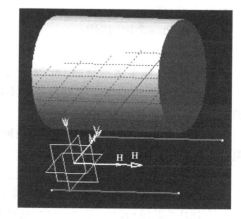

图 2.54　曲面轮廓的投影

2.4　约　束

草图的约束用于限制图形与图形之间及自身的自由度,从而使图形唯一、固定。草图约束用于定位轮廓的位置,当草图进行编辑时,由于约束的存在,草图不会发生混乱。但是在编辑部分草图时,所以一些图形要删除相应的约束后才能进行编辑。

①网格约束。网格约束就是用网格约束光标的位置,约束光标只能在网格的一个格点上。

②尺寸约束。尺寸约束用于约束图形的长度、距离、角度、直径等尺寸。

③几何约束。几何约束指一个或多个图形之间的相互关系,如垂直、平行、同心等。

④接触约束。利用此工具可以快速地对草图创建同心、相合、相切的几何约束。

如图 2.55 所示,单击"接触约束"按钮,然后依次选择小圆和大圆,在两圆之间接触约束工具生成的是同心约束,如图 2.55 所示,两圆同心且显示出同心约束标志。

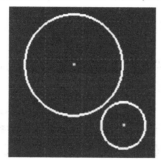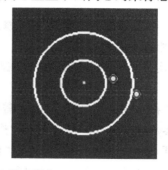

图 2.55　同心约束操作

在不同图形之间,接触约束所做的约束及显示出的标志是不相同的:

- 两个圆:同心。
- 点与线:重合。
- 两条直线:重合。
- 两个点:重合。
- 一条线和一个圆:相切。
- 一个点和其他元素:相合。
- 两条曲线(除了圆与椭圆)或两条直线:相切。

⑤圙对话框创建约束。根据选择的不同元素组合,对话框中显示出不同的约束方式,选中或取消即可添加或删除相应的约束。

- 约束可以添加到一个元素上,如长度、固定、水平、铅锤等;也可添加到多个元素上,如距离、角度、同心、相合、平行等。
- 可以复合选取,同时添加多个约束。
- 如果所选择对象已经存在相应约束,在对话框中将会被选中。
- 当选中"半径/直径"复选框时,默认为直径,如果需要修改成半径,则需要编辑生成的直径。

⑥ 同步约束。此工具按钮用于将多个元素约束在一起,在操作时同步移动、操作。

⑦圙自动约束。此工具按钮用于对多个元素进行约束的添加,在被选择的元素上搜索尚未添加的约束,找到后将其自动添加,如图 2.56 所示。

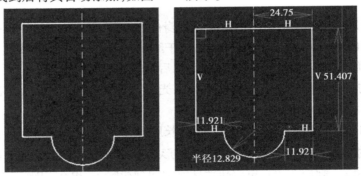

图 2.56   对多个元素进行约束

- 修改和编辑约束。对已经完成的约束,很多时候都需要对它进行修改编辑,从而满足实际工程的需要。
- 直接修改。草图上的约束可以直接修改,双击图上的约束即可打开相应的尺寸对话框,通过调整即对相应尺寸进行修改。
- 利用"约束定义"对话框编辑约束。在对草图约束进行编辑的同时,也可以利用工具按钮圙。
- 驱动约束。在草图设计过程中,有时需要对一个参数进行多次尝试,在实际设计时,可通过相关工具对参数进行驱动。通过对参数进行驱动,可以观察在不同参数下的草图轮廓。

⑧圙编辑多重约束。单击此按钮,弹出"编辑多重约束"对话框,图形尺寸会显示,如图2.57 所示。通过对此话框可对每个尺寸进行调整。

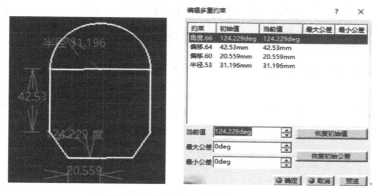

图 2.57 "编辑多重约束"对话框

2.5 实例演练

2.5.1 绘制垫片草图

1）实例介绍

本实例介绍一个典型垫片草图的绘制过程。绘制过程综合使用了直线、圆、约束和镜像等功能,绘制的草图,如图 2.58 所示。

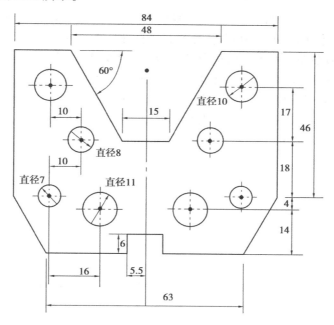

图 2.58 垫片草图

2）设计步骤

（1）新建零件文件

启动 CATIA V5R20 软件,进入基础界面,单击"开始"|"机械设计"|"零部件设计"命令,

或单击"文件"工具栏中的"新建"按钮,在弹出的"新建"对话框中的类型列表中选择"part",进入 CATIA 零件设计工作界面。

(2)绘制垫片零件草图

步骤 1:单击"草图编辑器"工具栏中的"草图"按钮,在特征树中选择 XY 平面,进入 CATIA 草图编辑界面。

步骤 2:单击"轮廓"工具栏中"轮廓"按钮,绘制垫片草图的左侧轮廓曲线,结果如图 2.59 所示。

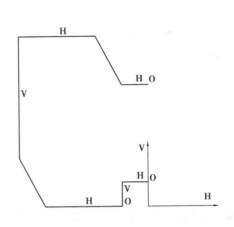

图 2.59　绘制轮廓

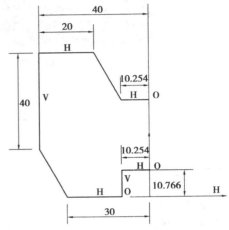

图 2.60　添加约束

步骤 3:选择已绘制的轮廓的水平线或垂直线,单击"约束"工具栏中的"约束"按钮,选择需要标注长度的边,拖动鼠标,系统自动标注所选边的长度。重复添加标注,如要添加直线到 V 轴或 H 轴的距离,则选择直线在选择 V 轴或 H 轴,最终结果如图 2.60 所示。

步骤 4:双击已添加的标注,在弹出的"约束"对话框中修改尺寸,最终修改如图 2.61 所示。

步骤 5:单击"约束"工具栏中"约束"按钮,然后依次选择轮廓右上角的两条相交直线,添加角度标注,双击标注,修改其值为 60,结果如图 2.62 所示。

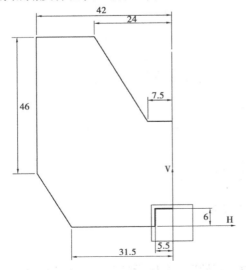

图 2.61　修改约束尺寸

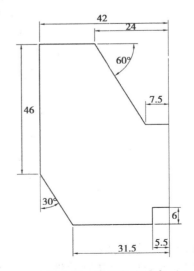

图 2.62　添加角度约束

步骤 6：单击"约束"工具栏中"约束"按钮，选择轮廓右下角的相交直线添加角度约束，修改其值为 30。至此，左半部分草图轮廓绘制完成，结果如图 2.63 所示。

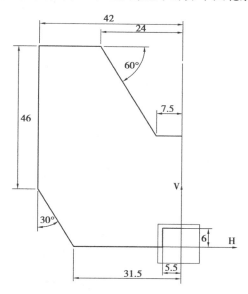

图 2.63 左半部分草图轮廓

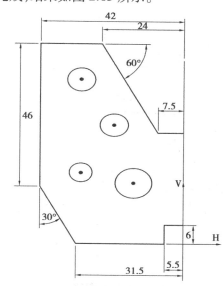

图 2.64 绘制圆

步骤 7：单击"轮廓"工具栏中的"圆"按钮，在轮廓中绘制 4 个圆，其大概位置如图 2.64 所示。

步骤 8：单击"约束"工具栏中的"约束"按钮，选择圆心和线段，标注右下角圆的位置尺寸，双击标注尺寸并进行编辑，结果如图 2.65 所示。

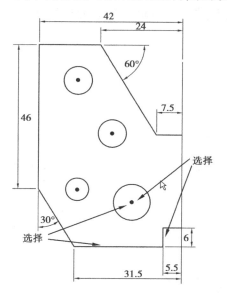

图 2.65 约束操作选择

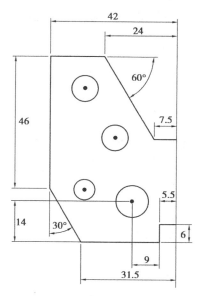

图 2.66 约束操作结果示意

步骤 9：单击"约束"按钮，选择圆心，拖动鼠标，标注两个圆心间的直线距离。为了得到垂直或水平距离，可单击鼠标右键，在弹出的快捷菜单中选择"水平测量方向"或"垂直测量方向"命令,依次标注圆心,编辑标注尺寸,结果如图 2.66、图 2.67、图 2.68 所示。

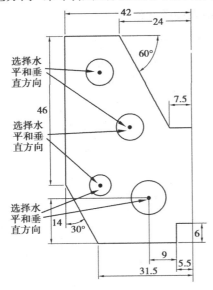

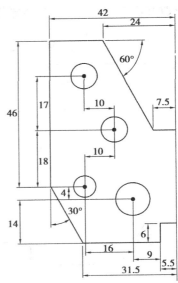

图 2.67　选择约束对象

图 2.68　约束操作

步骤 10:单击"约束"按钮，标注和编辑圆的尺寸,结果如图 2.69 所示。

步骤 11:单击"可视化"工具栏中"几何图形约束"按钮 和"尺寸约束"按钮 ，使其颜色由红色变为蓝色,隐藏几何约束和尺寸约束。

步骤 12:按住 Ctrl 键,依次选择草图中的几何图形,单击"操作"工具栏中的"镜像"按钮 ，再选择 V 轴,对建立的草图进行镜像复制,结果如图 2.70 所示。

步骤 13:单击工作台中的"退出工作台"按钮 ，返回零件设计环境。至此,草图绘制结束。

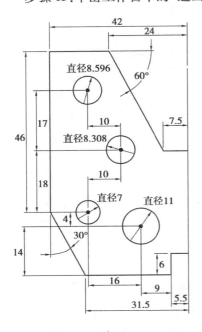

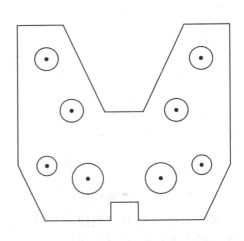

图 2.69　约束圆的大小

图 2.70　镜像左半部分

2.5.2　绘制盖帽草图

1）实例介绍

本实例介绍一个典型盖帽草图的绘制过程。绘制过程,综合使用了直线、圆、约束和镜像、平移旋转等功能,绘制草图如图 2.71 所示。

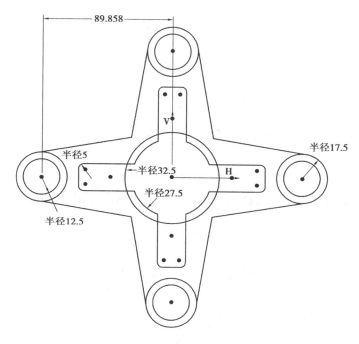

图 2.71　盖帽草图

2）设计步骤

（1）新建零件文件

启动 CATIA V5R20 软件,进入基础界面,单击"开始"|"机械设计"|"零部件设计"命令,或单击"文件"工具栏中的"新建"按钮,在弹出的"新建"对话框中的类型列表中选择"part",进入 CATIA 零件设计工作界面。

（2）绘制盖帽草图

步骤 1:单击"圆"按钮⊙绘制 4 个大小不一的圆,如图 2.72 所示。

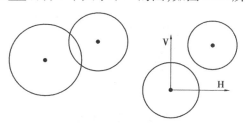

图 2.72　绘制 4 个圆

步骤 2:按住 Ctrl 键选择两圆心,单击"定义约束"按钮 ,在弹出的对话框中选择"相合"。再对另外两个圆进行相同的操作。

步骤3：绘制一条经过 H 轴的轴线，选择左边的同心圆圆心和轴线，再单击"定义约束"按钮，在出来的对话框中选择"相合"。

步骤4：选择右边的同心圆圆心和径径 H 轴的轴线，单击"定义约束"按钮，在弹出来的对话框中选择"相合"，结果如图 2.73 所示。

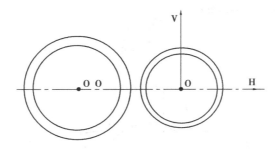

图 2.73　相合约束操作

步骤5：单击"约束"按钮，再单击圆，对另外 3 个圆进行相同操作，如图 2.74 所示。

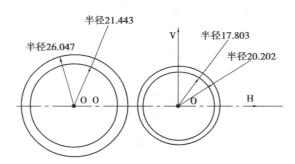

图 2.74　对圆进行约束

步骤6：双击图中标注，然后在弹出的对话框中修改其圆半径的大小，如图 2.75 所示。

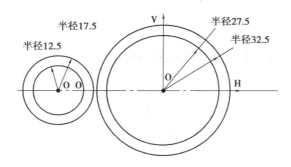

图 2.75　修改约束尺寸

步骤7：选择两同心圆的圆心，单击"约束"，在弹出的对话框中选择距离，然后双击标注修改其距离，如图 2.76 所示。

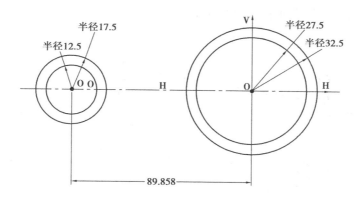

图 2.76 修改圆心距离约束

步骤 8:单击"直线"按钮 ╱ 绘制两条直线,随后选择一条直线和一个外圆,单击"定义约束"按钮 ╺╦╸,在弹出的对话框中选择"相切"按钮。然后对另外的直线和圆用相同方式,结果如图 2.77 所示。

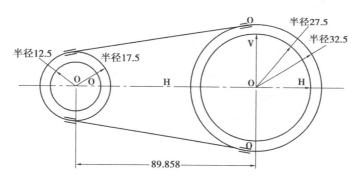

图 2.77 绘制相切直线

步骤 9:单击轮廓按钮 ⃔ 中的直线按钮,绘制如图 2.78 所示的图形。

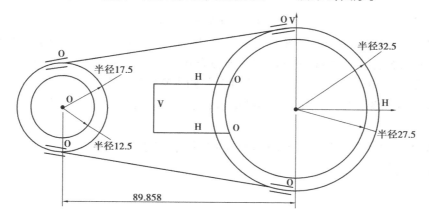

图 2.78 绘制轮廓线

步骤 10：单击"约束"按钮，对轮廓边进行约束。选择轮廓上下两边和 H 轴，然后单击"约束"按钮中选择对称。结果如图 2.79 所示。

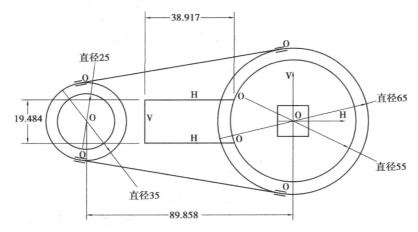

图 2.79　对轮廓线进行约束

步骤 11：单击"圆角"按钮，选择轮廓的两边进行倒圆角，然后双击标注对圆角半径进行修改。结果如图 2.80 所示。

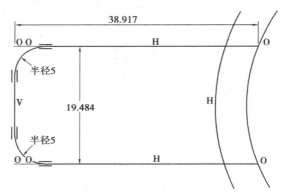

图 2.80　倒圆角操作

步骤 12：框选整个图形，单击"镜像"中的"旋转"按钮，在出现的旋转对话框中输入如图 2.81 所示参数，选择图中右边同心圆的圆心为旋转点。结果如图 2.82 所示。（为了草图的美观，可以单击草图工具栏中的尺寸约束和几何约束来隐藏约束）

步骤 13：单击"修剪"按钮中的"删除"按钮，对多余的线段进行修剪。结果如图 2.83 所示。

步骤 14：单击工作台中的"退出工作台"按钮，返回零件设计环境。至此，草图绘制结束，绘制结果如图 2.84 所示。

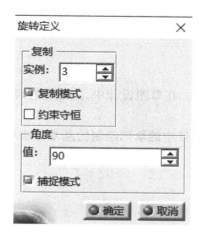

图 2.81　"旋转定义"对话框

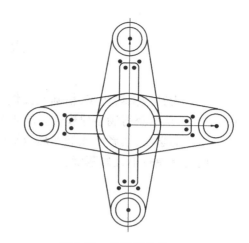

图 2.82　旋转操作效果图

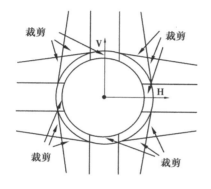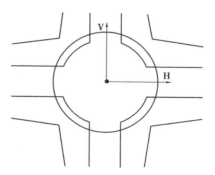

图 2.83　修剪多余线段

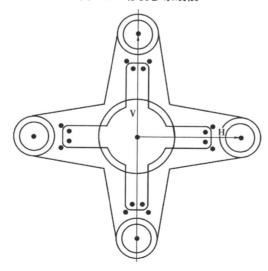

图 2.84　盖帽草图

本章小结

草图设计为其他模块快速、精确地提供二维轮廓线。在草图设计中，二维轮廓可以由多个约束来驱动，从而获得满足建模需要的轮廓。

通过本章的学习，读者应该能熟练地掌握 CATIA 软件中的草图绘制的基本方法和技巧，从而为后面的建模打下良好基础。

第 3 章
零件设计

CATIA 零件设计模块,提供用于零件设计的混合造型方法。它将广泛使用的关联特性和灵活的布尔运算方法相结合,用户可以在可控制关联性的装配环境下进行草图设计和零件设计,在局部 3D 参数化环境下添加设计约束。由于它支持零件的多实体操作,用户可轻松管理零件更改,进行灵活的后期操作,设计更改十分直观快捷。

3.1 零件设计入门

零件设计模块是 CATIA 中进行机械零件三维精确设计的功能模块。在众多同类三维 CAD 软件中,CATIA 的零件设计模块以其界面直观易懂、操作丰富灵活而著称。它采用基于特征的设计方法,提供了丰富的布尔运算操作,可以快速生成各种复杂几何形状的零件三维模型,并运用设计技术及布局三维参数化等先进设计理念,极大地提高了零件设计的工作效率。

零件设计环境如图 3.1 所示。

图 3.1 零件设计模块

CATIA 的零件设计模块采用特征建模技术来建立零件的三维实体模型,按生成特征方法的不同将各种特征分为四大类:基于草图的特征、修饰特征、变换特征和曲面特征。

- 基于草图的特征:由平面草图经过各种变换得到基本实体特征。
- 修饰特征:对基本实体进行倒圆、圆角等修饰操作而形成的特征。
- 变换特征:由已有实体特征经过平移、镜像等变换操作得到的新特征。
- 曲面特征:对于复杂几何形状的零件,根据曲面造型得到的零件外形生成的实体特征。

通过 CATIA 提供的各种特征创建和编辑命令,辅以 CATIA 强大的参数化建模功能,用户能够快速地得到满足设计要求的零件三维实体模型。

参数化建模技术是 CATIA 最具特色的功能。它将各种特征尺寸定义为参数,建立各参数之间的相互联系,当对某一特征参赛进行修改时,根据参数之间的相互关系适时地更新与被修改参数关联的其他参数,实现对模型的快速修改,以满足实际设计过程中优化方案时对模型进行反复多次修改的要求,并使设计者直观地观察到各设计参数的变动对模型的影响情况,从而帮助设计者根据设计要求快速、准确地形成最佳的设计方案。

CATIA 还支持基于库与模板的设计重用概念,通过将已有的设计资料和相关标准建立文档模板并入库,在遇到相似的设计案例时,用户可直接从库中引用已有的设计资料,避免设计过程中的大量重复劳动,大大提高了设计效率。

3.1.1 进入零件设计模块

启动 CATIA 软件后,单击"文件"|"新建"命令,系统弹出"新建零部件"对话框。

在"新建零部件"对话框的"零部件名称"文本框中输入零部件名称,其他选项保留默认设置,单击"确定"按钮,系统将加载零件设计工作台,并打开一个空白的 CATPart 文档。

界面绘图区左侧的树状图标是 CATIA 模型的特征树,如图 3.2 所示,它以树状图的形式将所有构成零件的各种特征组织在一起。特征树的最顶端是当前工作空间中的零件文档,下面是工作空间的三个坐标平面。零件文档中的零件部件几何体构成特征树的二级节点,一个零件文档中可以包含几个零部件几何体,以便于通过布尔运算生成复杂形状的实体模型。可以使用"零部件几何体"工具█在当前零件文档中插入零部件几何体。构成零部件几何体的实体特征为特征树的三级节点,其下为构成它的草图、点、线、面等几何特征。

零件设计工作台常用的工具集中放置在工作界面右侧,包括应用于各种特征的特征创建工具栏和约束、标注创建、布尔操作等常用工具集,如图 3.3 所示。

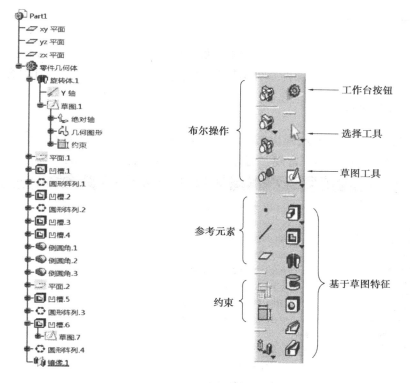

图 3.2　CATIA 特征树　　　　　图 3.3　CATIA 零件设计工作台

3.1.2　设计流程简介

如图 3.4 所示即为 CATIA 零件设计模块的基本功能和使用步骤。这个简单实例中,首先根据已有的草图轮廓进行拉伸(凸台)得到基本的几何实体,然后在基本几何实体上进行拔模、倒角、镜像、开孔等一系列操作形成零件的大致外形,最后使用抽壳命令得到最终的零件模型。

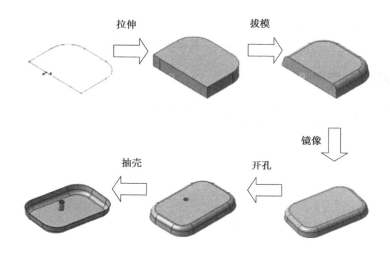

图 3.4　基本流程

3.1.3 定制工作环境

为提高零件设计的工作效率,需要对零件设计模块相关的一些环境变量进行设置。与零件设计关系比较密切的有"零部件基础结构"和"三维标注基础结构"两部分内容。

1) 零部件基础结构

单击"工具"|"选项"命令,弹出"选项"对话框,在左侧项目树中选择"零部件基础结构"项,零部件基础结构中包含了"常规""显示""零件文档"三个选项卡的内容,如图 3.5 所示。

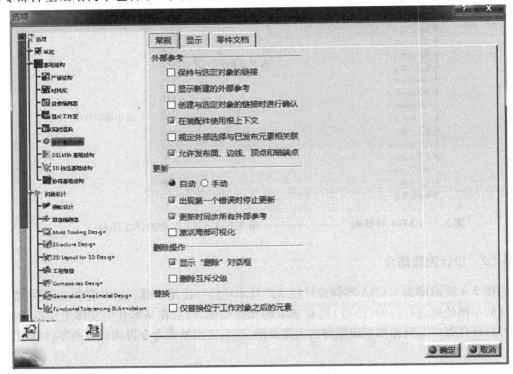

图 3.5　零部件基础结构环境设置

2) 三维标注基础结构

在"选项"对话框左侧的项目数中选择"三维标注基础结构"选项,进行与三维标注相关的环境变量的设置,主要有"公差""显示""操作器""标注""视图/标注平面"5 个选项卡可供选择,如图 3.6 所示。

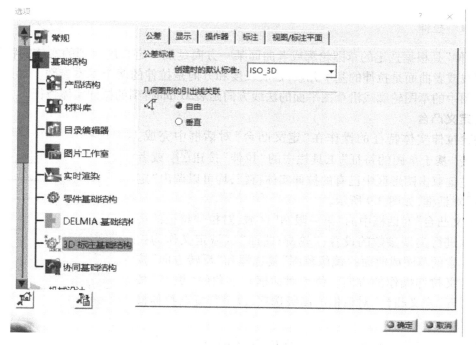

图 3.6　三维标注基础结构环境设置

3.2　基础特征

特征是构成零件实体的基本单元,CATIA 中的所有零件实体都是由各种特征组合而成。基于草图的特征,根据草图工作空间创建的平面草图生成特征,是最基本的特征创建方法,其他各种类型的特征都是基于草图特征进行相应操作得到的。

基于草图特征的各种特征的创建命令在零件设计工作台中被集中组织在一个工具栏“基于草图的特征”中,如图 3.7 所示,其中共有 10 种基本的特征形式。

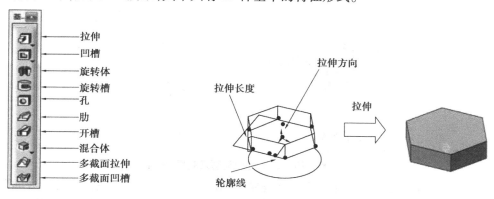

图 3.7　“基于草图的特征”工具栏

图 3.8　拉伸实例特征

3.2.1 拉伸

"拉伸"是根据选定的草图轮廓或者曲面某一方向延展一定长度得到的实体的特征。草图轮廓线或者曲面是拉伸的基本元素,延展长度和方向是拉伸的两个基本参数。如图 3.8 所示为左图中的草图轮廓线沿草图平面的法线方向延展20 mm得到的拉伸实体特征。

1) 定义凸台

创建拉伸实体特征的操作在"定义凸台"对话框中完成。直接单击"基于草图的特征"工具栏中的"拉伸"按钮，或者用鼠标左键双击图形区中已有的拉伸实体特征,均可以调出"定义凸台"对话框,如图 3.9 所示。

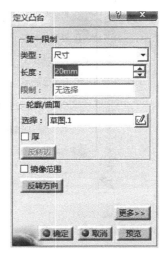

"定义凸台"对话框中的"第一限制"区域,对拉伸特征的第一限制面进行类型参数的设置;"轮廓/曲面"区域定义作为拉伸基本元素的草图或曲面;"镜像范围"复选框和"反转方向"按钮用于定义拉伸操作的方向。位于对话框右下角的"更多"按钮用于展开"定义凸台"对话框的高级选项,以进行复杂拉伸操作的定义。

● 拉伸类型及限制参数定义。单击"定义凸台"对话框中"类型"下拉列表框左侧的下拉按钮,可以看到 CATIA 提供 5 种不同的拉伸特征创建方式,如图 3.10(a)所示。

图 3.9 "定义凸台"对话框

● 轮廓/曲面。轮廓/曲面是进行拉伸操作的基本元素,必须在操作过程中给予明确的定义。最简单的定义轮廓/曲面的方法是直接在图形中选取创建好的草图或曲面,这也是最常用的方法。但在很多情况下需要对现有的草图或曲面进行一些修改再进行拉伸,或者作图空间中尚无满足要求的轮廓或曲面,需要定义新的轮廓或曲面。此时在"轮廓/曲面"区域中的"选择"框中单击鼠标右键,在弹出的快捷菜单中选择相应命令来完成轮廓/曲面的修改与创建工作,如图 3.10(b)所示。

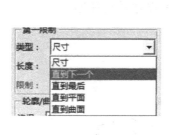

(a)拉伸类型　　　　　　　(b)轮廓/曲面

图 3.10　定义拉伸类型及轮廓/曲面

● 拉伸方向定义。"定义凸台"对话框左下角的"镜像范围"复选框和"反转方向"按钮用于定义拉伸操作的方向类型。选中"镜像范围"复选框后,将在所定义的拉伸轮廓平面两侧进行对称的镜像拉伸。

● 拉伸实体的高级选项。单击"定义凸台"对话框右下角的"更多"按钮,将展开"定义凸台"对话框的高级选项,如图 3.11 所示。

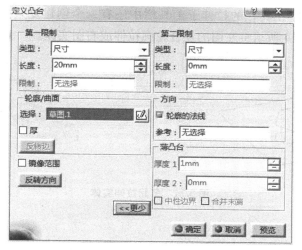

图 3.11　展开的"定义凸台"对话框

● 拔模圆角凸台。单击"基于草图的特征"工具栏中的"拉伸"按钮 右下角的实心三角符号,展开拉伸子工具栏,单击其中的"拔模圆角凸台"按钮 ,然后在图形区域中选择某一草图平面,弹出"已拔模的圆角凸台定义"对话框,可以创建带有拔模角和圆角特征的拉伸实体,如图 3.12 所示。对话框中的"第一限制""第二限制"和基本拉伸操作中的两个限制面类似,也是用于定义拉伸实体的起始和截止面,只不过这里"第二限制"必须以一个平面作为拉伸的基准,"第一限制"则定义拉伸长度。在"拔模"区域中选中"角度"单选按钮,在其右侧的数值框中输入拔模角度值,单位为度。"中性元素"区域提供了两个单选按钮:"第一限制"与"第二限制",选择其中之一作为拔模角的中性面。

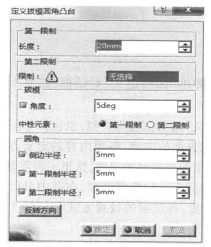

图 3.12　"定义拔模圆角凸台"对话框

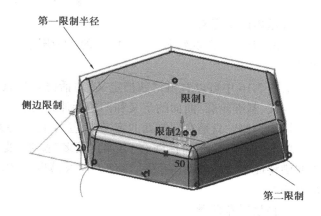

图 3.13　拔模圆角凸台定义示意图

"圆角"区域用于定义拉伸实体各边缘处的半径,"侧边半径"定义侧面棱边的圆角半径,"第一限制半径"与"第二限制半径"分别定义两个限制平面棱边处的圆角半径,如图 3.13所示。

2) 多元拉伸

"基于草图的特征"工具栏的拉伸子工具栏中还有一个创建复杂拉伸实体的工具"多元拉伸"按钮圆,如图 3.14 所示将左图的复合轮廓拉伸成右图实体。

图 3.14　多元拉伸实体

3.2.2　凹槽

凹槽特征用于创建带有各种形状孔洞的零件实体。凹槽特征的创建过程与拉伸实体类似,也是由某一轮廓线或曲面沿某一方向延展。与拉伸特征相反,创建凹槽特征时,轮廓曲线或曲面延展经过区域中的所有实体材质将被剔除,在零件实体上形成需要的空腔,如图 3.15 所示。

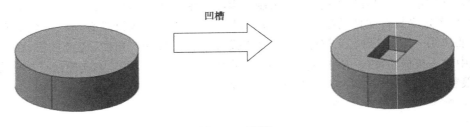

图 3.15　凹槽

1) 基本凹槽定义

单击"基于草图的特征"工具栏中的"凹槽"按钮圆,弹出"凹槽定义"对话框,如图 3.16 所示。

从图 3.16 中可以看出,"凹槽定义"对话框与"凸台定义"对话框极为类似,也包含了限制面的定义、基准轮廓/曲面的定义和凹槽延伸方向的定义三方面的内容,各项内容的定义方法也与拉伸类似。只是在限制面的定义中,拉伸的长度变为了凹槽延伸的深度,这里不再重复。

单击"凹槽定义"对话框右下角的"更多"按钮,展开凹槽定义的高级选项,在其中可以定义凹槽特征第二限制面的位置、延伸方向及薄壁凹槽的设置,各选项的设置方法与拉伸实体基本相同。

2) 拔模圆角凹槽

单击"基于草图的特征"工具栏中的"凹槽"按钮圆右下角的实心三角符号,展开凹槽子工具栏。

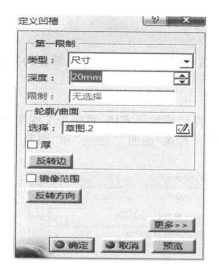

图 3.16　"定义凹槽"对话框

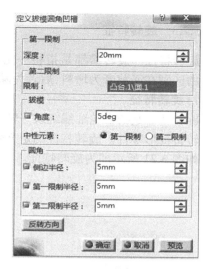

图 3.17　"定义拔模圆角凹槽"对话框

单击凹槽子工具栏中的"拔模圆角凹槽"按钮 ，并在图形绘制区中选中用于创建凹槽的轮廓/曲面，弹出"定义拔模圆角凹槽"对话框，如图 3.17 所示。该对话框中各参数项的设置也是与"定义拔模圆角凸台"对话框中各项参数设置方法类似。图 3.18 是运用"拔模圆角凹槽"工具所生成的零件效果。

图 3.18　拔模圆角凹槽

3）多元凹槽

凹槽子工具栏中的另一个凹槽创建命令为"多元凹槽" 。单击该按钮，并在图形绘制区中选择用于创建多元凹槽的轮廓/曲面，弹出"定义多凹槽"对话框，如图 3.19 所示。

"定义多凹槽"对话框中各参数项的设置也是与"多元拉伸"的定义方法类似。图 3.20 为多元凹槽的效果图。

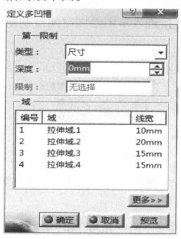

图 3.19　"定义多凹槽"对话框

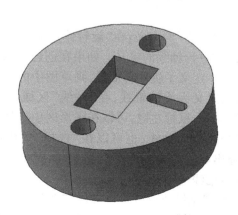

图 3.20　多元凹槽效果图

3.2.3　旋转特征

旋转特征与旋转槽都是指将一定的轮廓沿指定旋转特征线旋转所经过的部分的实体。两者的区别在于前者为增料，后者为除料。

1) 旋转特征

旋转特征是指由轮廓线绕某一轴线旋转一定的角度得到的特征实体，对应于工程实际中的旋转特征形零件。旋转特征的定义包含三个关键元素："轮廓/曲面""轴线"和"限制"的定义。如图 3.21 所示即为旋转特征。

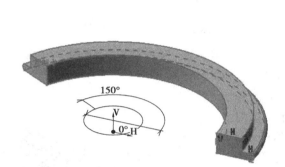

图 3.21　旋转特征

图 3.22　"定义旋转体"对话框

单击"基于草图的特征"工具栏中的"旋转特征"按钮 ，弹出"旋转体定义"对话框，如图 3.22 所示。

● "轮廓/曲面"的定义：创建旋转特征的轮廓要求组成轮廓的几何元素之间没有交叉，且均位于轴线的同一侧。在"旋转体定义"对话框中的"选择"文本框中定义创建旋转特征的轮廓线或曲面，可在其中单击鼠标左键后直接在绘图区中选择已有的草图、线、曲面等几何元素作为轮廓线，或在"选择"框中单击鼠标右键，选择弹出菜单中的相应命令进行轮廓的定义。单击"选择"文本框右侧的"草图"文本框按钮 ，可以直接进入草图绘图空间绘制新的草图作为轮廓。

● "轴线"的定义：在"旋转体定义"对话框中的"轴线"区域进行轴线的定义。如果在创建轮廓草图时已经在草图中定义了旋转特征线，则草图中的旋转特征线将被自动定义为旋转轴线，在"轴线"区域下的"选择"文本框中单击鼠标左键，可以在图形区中选择已有的旋转体特征线作为轴线；也可以在"选择"框中单击鼠标右键，弹出如图 3.23 所示的快捷菜单，选择其中的各个命令进行轴线的定义。

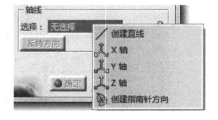

图 3.23　旋转轴线特征快捷菜单

● "限制"的定义："旋转体定义"对话框"限制"区域中的"第一角度"和"第二角度"分别定义"第一限制"和"第二限制"相对轮廓平面转过的角度，并在两个限制平面之间生成旋转特征形实体特征。其中，第一限制面的旋转角度与轴线成右手系，第二限制面的旋转角度与轴线成左手系,单击"轴线"区域中的"反转方向"按钮,可以改变旋转角度的方向。两限制面旋转角度之和应该小于或等于360°。

单击"旋转体定义"对话框右下角的"更多"按钮,展开"旋转体定义"对话框的高级设置选项,如图3.24所示。

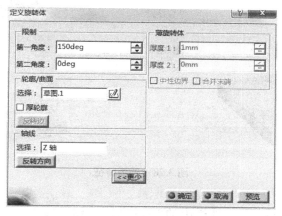

图 3.24 "定义旋转体"的高级选项

展开后的"定义旋转体"对话框用于定义薄壁旋转特征,在对话框左侧的"轮廓/曲面"区域中选中"厚轮廓"复选框后,在对话框右侧的"厚度1"数值框中定义薄壁旋转特征的内壁距轮廓线的厚度,在"厚度2"数值框中定义薄壁旋转特征的外壁距轮廓线的厚度。

2)旋转槽特征

旋转槽特征是指由轮廓绕轴线旋转,并将旋转扫过的零件实体上的材质去除,进而在零件上形成旋转槽的特征类型,如图3.25所示。

图 3.25　旋转槽特征

在"基于草图的特征"工具栏中单击"旋转槽"按钮 ,弹出"定义旋转槽"对话框,进行旋转槽特征的定义,如图3.26所示。

旋转槽特征的定义与旋转特征十分类似,唯一的不同之处在于旋转特征是在轮廓扫掠过的空间中填充材质,而旋转槽特征则是移除轮廓扫掠过的空间中的材质。因此,旋转槽特征"轮廓/曲面""轴线"和"限制"等的定义与旋转特征完全相同。

3.2.4　肋特征

肋特征与开槽特征都是由轮廓线沿一中心曲线扫掠得到的实体特征。在轮廓线扫过的区域中填充材质则形成肋特征,移

图 3.26　"定义旋转槽"对话框

除轮廓线扫过区域中的材质则形成开槽特征,如图 3.27 和图3.28所示。

图 3.27　肋特征

 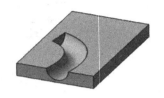

图 3.28　开槽特征

1)肋特征

单击"基于草图的特征"工具栏中的"肋特征"按钮 ,弹出"定义肋"对话框,如图 3.29 所示,在其中进行肋特征的定义。

在"定义肋"对话框中的"轮廓"选择框中定义用于创建肋特征的轮廓线,在"中心曲线"选择框中定义创建肋特征的中心曲线。轮廓线和中心曲线的定义都可以直接选择绘图区域中已有的图形元素,或在"轮廓"和"中心曲线"选择框中单击鼠标右键,在弹出的快捷菜单中选择相应的命令进行定义,或者单击"轮廓"和"中心曲线"选择框右侧的草图按钮 ,进入草图绘制空间,创建新的草图作为轮廓(或中心线)。

在"定义肋"对话框中的"控制轮廓"下拉列表框中对轮廓沿中心线扫掠时的方向控制进行定义,有 3 种控制方式可供选择。

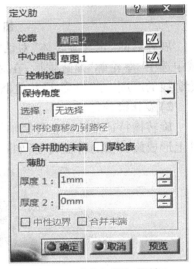

图 3.29　"定义肋"对话框

●保持角度:在轮廓沿中心线扫掠的过程中,轮廓平面的法线与中心的切线方向始终保持不变,图 3.30 是选用"保持角度"选项得到的肋特征的效果。

●牵引方向:在轮廓沿中心线扫掠的过程中,轮廓平面的法线始终指向指定的牵引方向,在"控制轮廓"下拉表框中选择"牵引方向"选项后,在其下的"选择"框中指定直线或平面元素定义牵引方向。图 3.31 是使用"牵引方向"选项创建的肋特征的效果,从图中可以看到肋特征的两个端面是保持平行的。

●参考曲面:在轮廓沿中心线扫掠的过程中,轮廓平面的法线方向始终与指定参考曲面的法线保持恒定的夹角。在"控制轮廓"下拉列表框中选择"参考曲面"选项后,在其下方的"选择"框中对参考曲面进行定义。图 3.32 是使用"参考曲面"选项创建的肋特征的效果,轮廓平面在起始位置与参考曲面是垂直的,扫掠形成的肋特征条的任一截面都保持与参考曲面垂直。

选中"定义肋"对话框中的"厚轮廓"复选框后,可以在"厚度 1""厚度 2"数值框中定义在轮廓线两侧填充材质的厚度,以创建薄壁类型的肋特征,如图 3.33 所示。

图 3.30　以"保持角度"方式创建肋特征

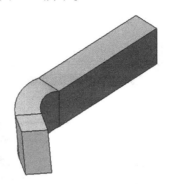

图 3.31　以"牵引方向"方式创建肋特征

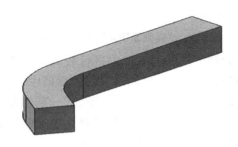

图 3.32　以"参考曲面"方式创建肋特征

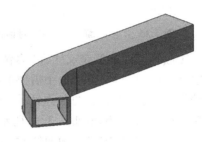

图 3.33　薄壁肋特征

2) 开槽特征

开槽特征与肋特征的唯一不同之处在于肋特征在轮廓线扫过的区域中填充材质,而开槽特征则将轮廓线扫过区域中的材质删除,因此开槽特征的定义方法与肋特征的创建方法是完全一样的。单击"基于草图的特征"工具栏中的"开槽"按钮 ,弹出"开槽"对话框,对话框中的各项含义和定义方法与肋特征的定义相同,这里不再重复。

3.2.5　多截面实体特征

多截面实体特征是指用一个或多个截面形状曲线沿某一条中心线扫掠形成的封闭实体,在扫掠过程中可以定义一条或多条引导曲线,对放样特征的现状加以限制。根据在截面曲线扫掠过的空间中是填充或是移除实体材质可以形成多截面实体和多截面除料实体两种多截面实体特征。

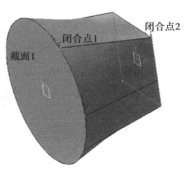

图 3.34　多截面实体

1) 多截面实体

多截面实体是放样操作过程中在截面曲线扫掠过的空间中填充材质所形成的特征,如图 3.34 所示。

单击"基于草图的特征"工具栏中的"多截面实体"按钮 ,弹出的"多截面实体定义"对话框,如图 3.35 所示。

图 3.35　"多截面实体定义"对话框

图 3.36　"多截面实体定义"对话框

①放样截面曲线定义。在"多截面实体定义"对话框上部的列表框中进行放样截面曲线的定义,在图形绘制区中选中需要的截面曲线后,所选截面曲线被自动添加到列表框中,并自动编号,所选截面曲线的名称显示在列表框中的"截面"栏中。在列表框中选择任一截面曲线后单击鼠标右键,弹出如图 3.36 所示的快捷菜单,选择其中的相应命令可以对选中的截面曲线进行修改定义,定义截面曲线时应注意各截面曲线之间不能存在相交的情况。

- 替换:在图形区域中选择新的轮廓线作为截面曲线代替现有列表中被选中的截面曲线。
- 移除:从列表中删除选中的截面曲线。
- 替换闭合点:在新区域中选定的点替换列表中的闭合点。
- 移除闭合点:从列表中删除所选截面线上的闭合点。
- 添加:向列表中添加截面线,新增加的截面线位于列表的最下端。
- 之后添加:将在图形区中选中的截面曲线添加到列表中当前被选中截面线之后。
- 之前添加:将在图形区中选中的截面曲线添加到列表中当前被选中截面线之前。

- 闭合点是定义于各截面之间相对转角的点,如图 3.37 所示,为两种不同闭合点方式下产生的实体。

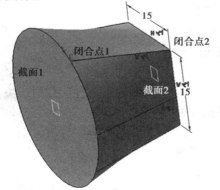
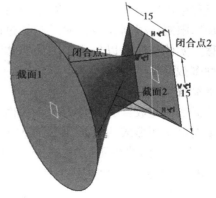

图 3.37　闭合点定义

②引导线定义。单击"多截面实体定义"对话框中截面曲线列表框下的"引导线"选项卡,进行引导线的定义。在引导线列表框中单击鼠标左键,然后在图形区域中选择需要定义为引导线的曲线添加到列表框中,可以通过在列表框中单击鼠标右键或单击列表框下的"移除""替换""添加"按钮对列表中的曲线进行编辑。

引导线在多截面实体中起到边界的作用,生成的多截面实体是各截面线沿引导线延伸得到的,因此要求所定义的引导线必须与所有的截面线相交。

③脊线定义。单击"多截面实体定义"对话框中截面曲线列表框下的"脊线"选项卡进行放样实体脊线的定义。一般情况下,系统会根据所选截面曲线的形状和位置自动计算生成放样实体的脊线,不必对脊线进行特殊的定义。如果确实需要对脊线进行重新定义,可在脊线定义列表框中单击鼠标左键,然后在图形区域中选择需要的曲线作为脊线,注意所定义的脊线必须保证自身是切矢连续的。

④耦合定义。单击"多截面实体定义"对话框中截面曲线列表框下的"耦合"选项卡对截面曲线在扫掠过程中所形成曲线的连续性进行定义。该选项卡的"截面耦合"下拉列表框中提供 4 种耦合选项。

● 比率连续:截面曲线上的任一点在扫掠过程中所形成曲线的横坐标比率连续变化。

● 切矢连续:扫掠过程中生成的曲线的切矢连续变化。

● 切矢比率连续:有曲线的上不连续点情况原则使用切矢连续或曲率连续,如果各截面上的点个数不相同则不能使用该选项。

● 端点连续:曲线上的端点连续,即曲线上没有断点出线,如果各截面线上的点的个数不相同则不能使用该选项。

如果已经定义了生成放样实体的引导线,则截面扫掠曲线首先满足引导线的连续性质,再满足此处定义的连续性。

⑤重新限定。单击"多截面实体定义"对话框截面曲线列表框下的"重新限定"选项卡进行重新定义。所谓重新限定,是指根据放样实体两端的模型实体的起始端和终止端进行约束,以保证放样实体与起相邻实体的平滑过渡。"重新限定"选项卡下有两个可选项"起始端限定"和"终止端限定",选中则放样实体的起始端或终止端将受到相邻实体的约束,不选则只根据定义的引导线或连续性质生成放样实体,起始端或者终止端不受到相邻实体的约束。

⑥光顺参数。在"多截面实体定义"对话框底部的"光顺参数"区城中对生成放样实体的衰面光滑度进行定义。选中该区域下的"角度修正"或"偏差"复选框,修改其右侧数值框中的数值实现对实体衰面光滑度的调整。"角度修正"选项的取值范围为 $0.5° \sim 4.5°$,"偏差"选项的取值范围为 $0.002 \sim 0.099$ mm。

2) 多截面实体除料特征

多截面实体除料特征是放样操作过程中在截面曲线扫掠过的空间删除材质,从而在零件实体上形成变截面形状的扫掠除料特征,如图 3.38 所示。

单击"基于草图的特征"工具栏中的"已移除多截面实体"按钮 ,弹出"已移除多截面实体特征定义"对话框,在其中进行多截面实体除料特征的定义,其定义方法与多截面实体定义的过程相似,这里不再重复,如图 3.39 所示。

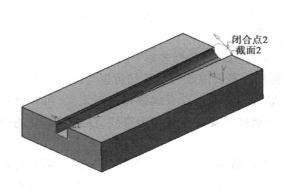

图 3.38　已移除的多截面实体　　　　　图 3.39　"已移除的多截面实体定义"对话框

3.3　工程特征

3.3.1　孔

在工程零件设计中,往往需要设计很多各种类型的孔,如螺纹孔、铆钉孔等。CATIA 零件设计模块中专门提供了孔特征的定义,用户可以方便地进行标准孔和非标准孔的设计。

孔特征的创建分两个步骤完成:孔参数的设定和孔在零件表面上的定位。

1) 孔特征参数设定

单击"基于草图的特征"工具栏中的"孔"按钮 ⊙,并在绘图区域中选择需要创建孔特征的零件表面,弹出"定义孔"对话框,对话框中包含了 3 个选项卡内容。

●"延伸"选项卡:定义孔向零件体内延伸的长度、类型及方向,孔的直径和孔的底部形状,如图 3.40 所示。

●类型:单击"定义孔"对话框的"类型"选项卡,进入孔类型的定义,如图 3.41 所示。

"类型"选项卡的下拉列表框提供了 5 种类型孔的定义:简单孔、锥形孔、沉头孔、铆钉孔和倒钻孔。选中每种孔的类型后,对话框右侧图形框中将显示相应类型孔的形状和特征参数的示意图,如图 3.42 所示。

●螺纹定义:单击"定义孔"对话框的"定义螺纹"选项卡,进行螺纹孔的定义,如图 3.43 所示。

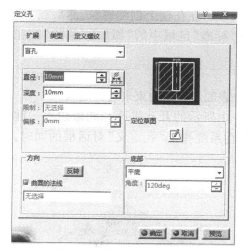

图 3.40　"定义孔"对话框

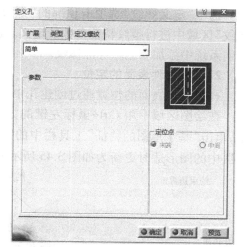

图 3.41　"类型"选项卡

简单孔

锥形孔

沉头孔

铆钉孔

倒钻孔

图 3.42　孔的类型

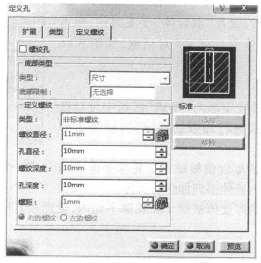

图 3.43　"定义螺纹"选项卡

选中"定义螺纹"选项卡顶部的"螺纹孔"复选框,表示在孔壁上创建螺纹,然后在"定义螺纹"区域中进行螺纹特征参数的定义。选项卡右侧"标准"区域中的"添加""移除"按钮用于向系统中添加和删除标准螺纹。

2)孔在零件表面的定位

孔在零件表面的位置通过创建孔中心相对于零件表面边界的约束来进行定义。

在绘图区域中用 Ctrl+鼠标左键的方法将图 3.44 中所示的开孔平面和约束边界一起选中,单击"基于草图的特征"工具栏中的"孔"按钮 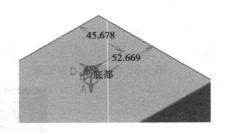,在系统弹出"孔定义"对话框的同时,绘图区中的图形适时更新为如图 3.45 所示的形式。

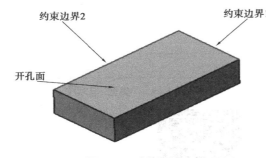

图 3.44　孔的定位实例　　　　　　　　图 3.45　孔定位约束

系统自动创建两个约束来对孔的中心进行定位,在图形区中双击某一约束,弹出"约束定义"对话框,在其中的"值"文本框中输入需要的尺寸数值,即可完成孔的定位。

如果需要在圆形表面的圆心创建孔特征,只需在选定圆形表面的同时选定表面的边界,系统将自动把孔定位在表面的圆心处。

3.3.2　加强肋

在实际零件设计过程中,会遇到许多加强肋的设计,CATIA 中定义了专门的加强肋特征,可以方便地进行加强肋的设计。单击"基于草图的特征"工具栏中"混合体"按钮 右下角实心三角符号,展开"混合体"子工具栏,单击"加强肋"按钮 ,弹出"定义加强肋"对话框,如图 3.46 所示。

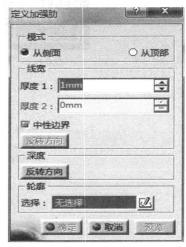

图 3.46　"定义加强肋"对话框

1)延伸模式

在"定义加强肋"对话框顶部的"模式"区域中可以选择以侧面模式或顶部模式进行加强肋的定义,如图 3.47 所示。

● 侧面模式:加强肋的厚度值被赋予在轮廓平面法线方向,轮廓在其所在平面内延伸得到加强肋实体。

● 顶部模式:加强肋的厚度值被赋予在轮廓平面内,轮廓在其所在平面的法线方向延伸得到加强肋实体。

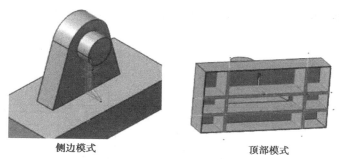

侧边模式　　　　　　　　　　顶部模式

图 3.47　加强肋创建模式

2）厚度定义

在"定义加强肋"对话框的"厚度"区域中定义加强肋的厚度。在"厚度"区域中的"厚度1"和"厚度2"数值框中输入数值对加强肋在轮廓线两侧的厚度进行定义。

选中"厚度"区域中的"中性边界"复选框,将使加强肋在轮廓线的两侧等厚;不选中该复选框,则只在轮廓线的一侧以"厚度1"数值框中所定义的厚度创建加强肋。

3）轮廓定义

在"定义加强肋"对话框的"轮廓"区域中定义创建加强肋的轮廓线,可以直接在图形区域中选取,也可以通过在"选择"框中单击鼠标右键,选择快捷菜单中相应的命令进行轮廓线的定义。

3.3.3　混合体

混合体是指两个轮廓线分别沿两个方向延伸所得到的实体相交部分形成的实体特征,如图 3.48 所示。

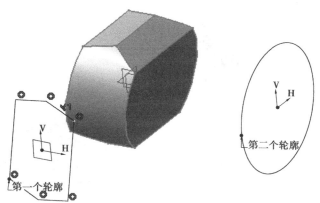

图 3.48　混合体

创建混合体的关键元素为定义实体的两条轮廓曲线和轮廓曲线延伸的方向。

单击"基于草图的特征"工具栏中的"混合体"按钮 🔳,在弹出的"定义混合"对话框中进行"混合体"的定义,如图 3.49 所示。

分别在"定义混合"对话框的"第一部件"和"第二部件"区域中对形成混合体的两个轮廓和延伸方向进行定义,定义方法参照前面章节的相关内容。对话框的"轮廓的法线"复选框被选中后,轮廓的延伸方向为轮廓平面的法线方向;若不选中该项,则需要对轮廓的延伸方向进行定义。

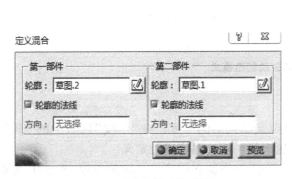

图 3.49 "定义混合"对话框

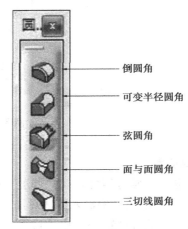

- 倒圆角
- 可变半径圆角
- 弦圆角
- 面与面圆角
- 三切线圆角

图 3.50 "倒圆角"子工具栏

3.3.4 倒圆角特征

CATIA 零件设计模块中提供了 4 种不同的圆角命令。"单击修饰特征"工具栏中"倒圆角"按钮 右下的三角符号,展开圆角子工具栏,可看到 CATIA 提供的 5 种圆角创建命令:"倒圆角""可变半径圆角""弦圆角""面与面圆角""三切线圆角",如图 3.50 所示。

1) 倒圆角

单击圆角子工具栏的"倒圆角"按钮 ,在弹出的"倒圆角定义"对话框中进行倒圆角特征定义,如图 3.51 所示。

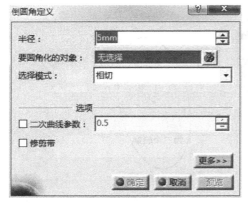

图 3.51 "倒圆角定义"对话框

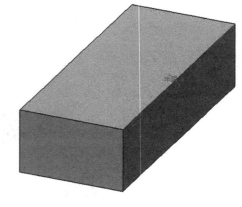

图 3.52 选择棱边

在"倒圆角定义"对话框的"半径"数值框中输入圆角半径的数值;在"要圆角化的对象"选项框中单击鼠标左键,然后在图形区域中选择零件实体上需要进行圆角的棱边,如图 3.52所示。当有多个圆角对象需要定义时,可以单击选择框右侧的"编辑对象列表"按钮 进行定义。

"扩展"选项用于定义圆角的生成方式,有两个选项可供选择。

- 最小：只对所选中的一条棱边进行圆角，不进行扩展，如图 3.53 所示。

图 3.53　以"最小"扩展模式创建圆角

- 相切：沿所有与圆角棱边相切的棱边进行圆角特征的扩展，如图 3.54 所示。

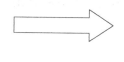

图 3.54　以"相切"扩展模式创建圆角

2）可变半径圆角

CATIA 的零件设计模块提供了"可变半径圆角"工具，可以沿着圆角棱边的方向用不同的圆角半径对棱边进行圆角，如图 3.55 所示。

图 3.55　可变半径圆角

单击圆角子工具栏中的"可变半径圆角"按钮 ，弹出"可变半径圆角定义"对话框，如图 3.56 所示。

在"要圆角化的边线"选择框中单鼠标左键，然后在图形区域中选择需要进行圆角的棱边，在"拓展"下拉列表框中定义圆角的拓展方式。

在"点"选择框中单击鼠标左键，然后在图形区域中选择位于圆角棱边上的点，作为可变半径圆角的半径控制点。如果圆角棱边上没有适合的点，则在"点"中单击鼠标右键，在弹出的快捷菜单中选择相应的命令，在圆角棱边上创建点。

"点"选择框下的"更变"下拉列表框用于定义圆角半径沿圆角棱边的变更方式，有两种方式可供选择："线性"和"三次曲线"。

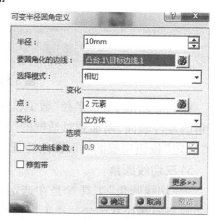

图 3.56　"可变半径圆角定义"对话框

在对沿棱边的半径控制点进行了定义后，图形区域中的零件模型会适时显示每个控制点处圆角半径值，选中每一个控制点处的绿色半径标注，在"可变半径圆角定义"对话框"半径"数值框中对圆角半径的数值进行定义，然后直接在图形区中单击所选控制点处的半径标注或选择下一个需要定义的半径,可以看到图形区中的半径标注根据所定义的数值被适时更新。

单击"可变半径圆角定义"对话框中右下角的"更多"按钮,同样可以展开可变半径圆角的高级设置选项,在其中也可以对可变半径圆角的保留边、限制元素和角点重塑进行定义,定义过程与倒圆角中的方法相同。

3) 弦圆角

弦圆角命令是圆角子工具栏中的一个功能,该命令是用两滚动之间的距离控制圆角,并允许定义"三次曲线"或"线性"的可变弦长圆角。由于弦圆角使用较少,此处不做介绍。

4) 面与面圆角

面与面圆角命令用于在两个不相交的面之间创建圆角连接,如图 3.57 所示。

单击圆角子工具栏中的"面与面圆角"按钮 🖼,弹出"定义面与面圆角"对话框,如图 3.58 所示。

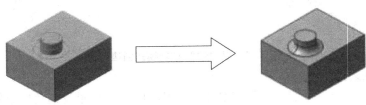

图 3.57 面与面圆角特征

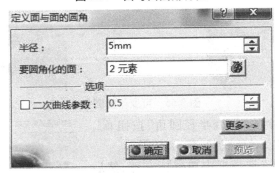

图 3.58 "定义面与面圆角"对话框

在该对话框中的"半径"数值框中输入圆角半径的数值,然后在图形区域中选择需要进行圆角的零件表面,添加到对话框的"要圆角化的面"框中,单击"预览"按钮查看圆角效果,单击"确定"按钮生成面与面圆角特征。

5) 三切线圆角

"三切线圆角"工具 🔧 是在选定的三个平面间创建与这三个平面相切的圆角面,并以生成的圆角面替代其中的一个平面,如图 3.59 所示。

图 3.59 三切线圆角

单击圆角子工具栏中的"三切线圆角"工具，弹出"定义三切线内圆角"对话框，如图3.60所示。

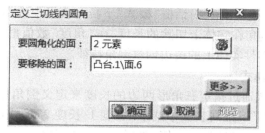

图 3.60　"定义三切线内圆角"对话框

在"定义三切线圆角"对话框中的"要圆角化的面"选择框中单击鼠标左键，然后在图形区域中选择需要圆角的零件表面。在"要移除的面"选择框中单击鼠标左键，然后在图形区域中选择需要在圆角过程中移除的零件表面。单击对话框右下角的"更多"按钮，展开对话框的高级选项，在"限制元素"区域中定义限制圆角长度的平面。

3.3.5　倒角特征

倒角特征是指以一个小的斜面来代替两个相交平面公共棱边的几何特征，如图 3.61 所示。单击"修饰特征"工具栏中的"倒角"按钮，弹出"定义倒角"对话框，如图 3.62 所示，在其中进行倒角特征的定义。

图 3.61　倒角特征

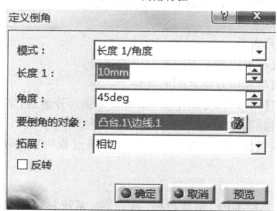

图 3.62　"定义倒角"对话框

单击"模式"列表框右侧的下拉按钮，可以看到系统提供了定义倒角特征的两种模式："长度/角度"模式和"长度 1/长度 2"模式。

1）"长度/角度"模式

倒角特征的"长度/角度"模式指定倒角的倾倒角度和在实体上切除的长度来定义倒角特征,如图 3.63 所示。在"定义倒角"对话框"模式"下拉列表框中选中"长度/角度"模式后,在"长度 1"数值框中定义倒角在实体上切除的长度,在"角度"数值框中定义倒角的倾倒角度,然后在绘图区域中选择零件实体上的棱边创建倒角特征。

2）"长度 1/长度 2"模式

"长度 1/长度 2"模式通过指定三角形两边的长度来定义倒角特征,如图 3.64 所示。在"倒角定义"对话框"模式"下拉列表框中选中"长度 1/长度 2"模式后,在"长度 1"数值框中定义倒角特征的第一个长度特征尺寸数值,在"长度 2"数值框中定义倒角特征的第二个长度特征尺寸数值,然后在绘图区域中选择零件实体上的棱边创建倒角特征。

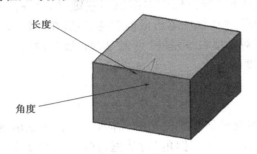

图 3.63　"长度/角度"模式

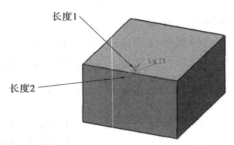

图 3.64　"长度 1/长度 2"模式

3.3.6　拔模角特征

拔模角特征是指在铸造型的零件表面上产生一个小的倾倒角度,以便零件能够容易地从铸模中取出。CATIA 零件设计模块中提供了"角度拔模""射线拔模"和"变角度拔模"3 个工具进行拔模角特征的创建,单击"修饰特征"工具栏中"拔模角"按钮 右下角的三角符号,展开拔模角子工具栏可以看到这 3 个工具,如图3.65所示。

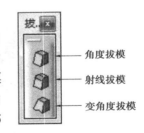

图 3.65　拔模角

拔模角特征的特征元素为:

- 拔模方向:与定义拔模面参考方向所对应的方向。
- 拔模角度:拔模面与拔模方向之间的夹角。
- 分解元素:分割实体成两部分的平面、曲面或曲线。分解后,实体的每一部分根据预先定义的角度创建拔模角特征。
- 中性元素:位于拔模面上的曲线。该曲线在拔模过程中保持不变,中性元素与分解元素可以相同。

1）角度拔模

单击"修饰特征"工具栏中的"角度拔模"按钮 ,系统将弹出"定义拔模"对话框,如图3.66 所示。单击对话框顶部"拔模类型"区域中左侧的按钮,创建单一角度的拔模特征,在"角度"数值框中输入所需的拔模角度值。

图 3.66　"定义拔模"对话框

在"要拔模的面"选择框中单击鼠标左键,然后在绘图区域中用鼠标选择需要创建拔模角特征的实体表面。如果选中"通过中性面选择"复选框,则不需要对拔模面进行选取定义,系统将根据定义的中性面自动决定在哪些实体表面上创建拔模角,如图 3.67 所示。

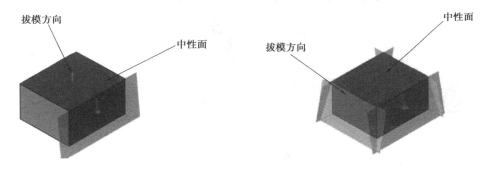

图 3.67　拔模面定义

在"定义拔模"对话框中部"中性元素"区域中的"选择"框中单击鼠标左键,然后在绘图区域中选择需要的实体表面作为创建拔模角特征的中性面。选择了中性面后,拔模方向一般为中性面的法线方向,也可以在"拔模方向"区域中的"选择"框中单击鼠标左键,然后在绘图区域中选择需要的方向作为拔模方向。

2) 变角度拔模角

单击"修饰特征"工具栏中的"变角度拔模"按钮 ,系统弹出"定义拔模"对话框,对话框中"拔模类型"区域中的第二个按钮 默认选中,以创建角度的拔模角特征,如图 3.68 所示。

用与基本拔模角定义相同的方法对拔模面和中性面进行定义,然后在对话框中的"点"框中,对角度发生变化的点进行定义。

角度变化点定义好后,系统会在每一个点上生成一个标注以指明该点处的拔模角度值,用鼠标选中该标注,然后在"拔模定义"对话框"角度"数值框中输入需要的角度值,可实现对拔模角度的修改,如图 3.69 所示。

图 3.68　变角度拔模

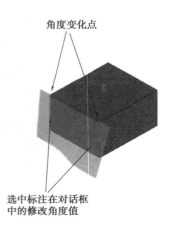

角度变化点

选中标注在对话框
中的修改角度值

图 3.69　变角度拔模定义

3) 射线拔模

　　射线拔模以一条射线拔模角特征的中性元素来创建拔模角特征,运用此工具可以对已进行倒圆角操作的零件表面进行拔模角定义,如图 3.70 所示。

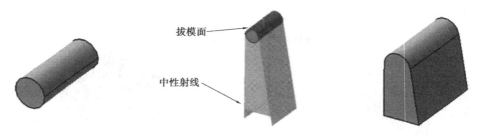

拔模面

中性射线

图 3.70　射线拔模

　　单击"修饰特征"工具栏中的"射线拔模"按钮,系统弹出"射线拔模定义"对话框。

　　在该对话框中的"角度"数值框中输入需要的拔模角度,在"拔模面"选择框中定义需要在其上建立拔模角特征的零件实体表面,选择零件实体上的倒圆角特征作为拔模面,系统会根据拔模方向自动检测到作为生成拔模角的中性射线。

3.4　修饰特征

3.4.1　抽壳特征

　　抽壳特征是指在零件实体的内部保持一定的厚度,在实体表面以外增加一定的厚度并将零件实体上的某一表面移除,使零件实体中空化,从而形成薄壁状态的零件,如图 3.71 所示。

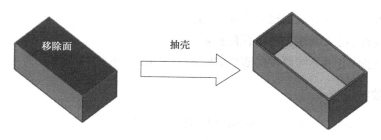

图 3.71　抽壳特征

在"修饰特征"工具栏中单击"抽壳"命令按钮⬙,系统将弹出"定义盒体"的对话框,如图 3.72 所示。

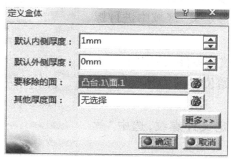

图 3.72　"定义盒体"对话框

- 在"默认内侧厚度"数值框中输入长度数值,定义从实体的外表面到所抽取壳体内表面之间的厚度。
- 在"默认外侧厚度"数值框中输入长度数值,定义从实体的外表面到所抽取壳体外表面之间的距离。该项默认为零,如果该数值不为零,则所抽取的壳体外表面会沿着实体的外表面向外平移。
- "要移除的面"选择框用于在绘图区域中选择零件实体的某一表面,作为抽壳过程中要删除的面。
- "其他厚度面"选择框用于定义不同厚度的面,以生成一个壁厚不均匀的壳体。

3.4.2　加厚特征

加厚特征是指在零件实体上选择一个加厚控制面,设置一个厚度值,实现增加现有实体的厚度,如图 3.73 所示。

单击"修饰特征"工具栏中的"加厚"按钮▨,弹出如图 3.74 所示的"定义厚度"对话框,在其中对加厚特征的各相关参数进行设定。

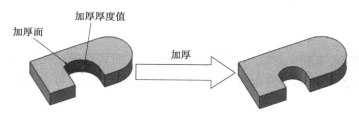

图 3.73　加厚特征

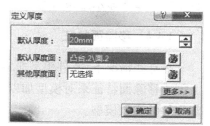

图 3.74　"定义厚度"对话框

- 默认厚度:在该数值框中输入需要增加的厚度数值。
- 默认厚度面:定义创建加厚特征的控制表面。
- 其他厚度面:定义不同厚度的表面,生成不均匀厚度的加厚实体。

3.4.3 螺纹特征

螺纹特征根据设定的参数在选定的圆柱面上生成螺纹。单击"修饰特征"工具栏中的"螺纹"按钮⚙,弹出如图 3.75 所示的"定义外螺纹/内螺纹"对话框,进行螺纹特征相关参数的定义。

在对话框中的"几何图形定义"区域中进行螺纹定义。

- 侧面:在其上产生螺纹的零件实体表面。
- 限制面:限制螺纹起始位置的实体表面,该图形元素必须为平面。
- 选中"螺纹"复选框定义外螺纹,选中"丝锥"复选框定义内螺纹。

对话框中的"数值定义"区域用于对螺纹的各参数值进行详细设置,其中各选项的定义如下:

- 类型:定义螺纹的类型,可以选择定义标准

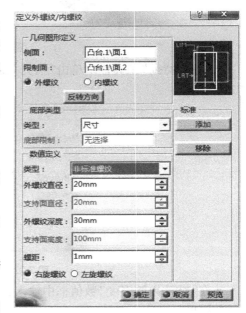

图 3.75　"定义外螺纹/内螺纹"对话框

螺纹和非标准螺纹。系统提供了"公制厚齿螺纹"和"公制细齿螺纹"两种标准螺纹,可以通过对话框右侧的"添加"和"移除"按钮来添加或移除标准螺纹文件。

- 螺纹直径:定义螺纹的直径。定义非标准螺纹时,需要手动输入螺纹的直径数值,定义标准螺纹时该选项变为"螺纹描述",只需在该框内选择相应标准螺纹标号即可。
- 支持面直径:螺纹支持面的直径,由几何定义中指定的螺纹限制表面确定,不可更改。
- 螺纹深度:定义螺纹的深度。
- 支持面高度:螺纹支持面的高度,由几何定义中指定的螺纹侧面确定,不可更改。
- 螺距:定义螺距数值。
- 选中"右旋螺纹"或"左旋螺纹"单选按钮定义螺纹的旋转方向。
- 完成螺纹的各参数定义后,单击对话框中的"确定"按钮生成螺纹特征,螺纹特征并不在零件模型上显示出来,而是被添加到模型的特征树中。

3.4.4 移除面特征

在有些情况下,零件模型非常复杂,不利于有限元分析模型的建立,此时可以通过在模型上创建移除面特征来对模型加以简化,在不需要简化模型时,只需将移除面删除,即可快速恢复零件的细致模型。

单击"修饰特征"工具栏中的"移除面"按钮⚙,弹出如图 3.76(a)所示的"移除面定义"

对话框。在对话框中的"要移除的面"和"要保留的面"选择框中根据需要指定需要移除的实体表面和要保留的实体表面,即可得到简化后的模型,如图 3.76(b) 所示。

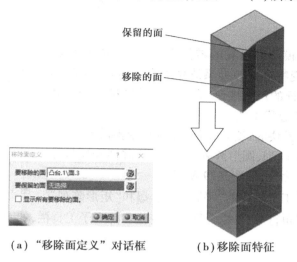

（a）"移除面定义"对话框　　　（b）移除面特征

图 3.76　移除面

3.4.5　替换面特征

替换面特征用于根据已有外部曲面的形状来对零件的表面形状加以修改,以得到特殊形状的零件。

单击"修饰特征"工具栏中的"替换面"按钮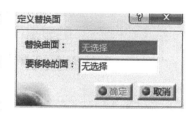弹出如图 3.77 所示的"定义替换面"对话框。

在对话框的"替换曲面"选择框中选择图形区域中的适当曲面作为目标曲面,注意单击图形区域中箭头改变所选曲面的方向,以保证生成正确的替换面特征。

图 3.77　"定义替换面"对话框

在"要移除的面"选择框中选择零件模型上需要删除的表面,单击"确定"按钮完成替换面特征的创建,如图 3.78 所示。

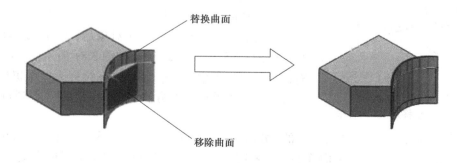

图 3.78　替换面特征

3.5 变换特征

变换特征是根据模型中已有的零件实体特征,进行平移、旋转、镜像等操作改变特征在模型系统中的位置,或运用阵列操作实现多个相同特征的规则排列,或者对实体特征进行尺寸大小的变换,避免建模过程中的重复工作。

CATIA 零件设计模块的"变换特征"工具栏中提供了平移、旋转、对称、镜像、矩形阵列、圆形阵列、用户模式阵列和比例缩放、8 个变换特征创建命令,如图 3.79 所示。

单击"变换特征"工具栏中的"平移"按钮▣和"矩形阵列"按钮▦右下角的小三角符号,可以分别展开变换和阵列子工具栏,如图 3.80 所示。

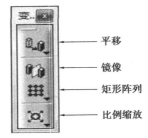

图 3.79 "变换特征"工具栏

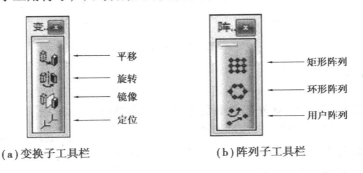

(a)变换子工具栏　　　　　(b)阵列子工具栏

图 3.80 变换和阵列子工具栏

3.5.1 平移特征

平移特征是将零件文档中的工作对象从当前位置平移到一个新的位置。定义平移之前,先要在工作空间中定义工作对象作为平移操作的对象,在绘图区域左侧的特征树中相应的模

图 3.81 "平移定义"对话框

型特征上单击鼠标右键,在弹出快捷菜单中选择"定义工作对象"命令,可以将该特征定义为当前的工作对象,被定义为工作对象的特征在特征树中以下画线标出。

定义好工作空间中的工作对象后,单击"变换特征"工具栏中的"平移"按钮▣,弹出如图 3.81 所示的"平移定义"对话框。对话框中的"向量定义"下拉列表框中提供了 3 种定义特征的平移向量的方法:"方向、距离""点到点"和"坐标"。

● "方向、距离"方式:在对话框的"方向"选择框中定义工作对象的平移方向,可以通过选择绘图区中已有的直线、平面等参考元素定义,或者在此选择框中单击鼠标右键,在弹出的快捷菜单中选择相应命令进行定义;定义好平移方向后,在"距离"数值框中输入需要移动的数值,单击"确定"按钮完成平移特征的创建。

● "点到点"方式:在"平移定义"对话框中选择该方式后,分别在对话框中的"起点"和

"终点"选择框中定义两个点,可以在绘图区域中选择已有的点,也可以在选择框中单击鼠标右键,选择快捷菜单中的相应命令创建点,系统以这两个点之间的线段来定义平移工作对象的方向和距离。

● "坐标"方式:直接定义将工作对象移动到坐标位置来定义平移特征。选择该方式后,在对话框中的 X、Y、Z 这 3 个数值框中分别输入需要平移工作对象的目标位置的直角坐标,然后在"坐标旋转特征"下拉列表框中选择需要的坐标系作为参考系,默认情况下为绝对坐标系。单击"确定"按钮,完成平移特征的创建。

3.5.2 旋转特征

旋转特征是将特征实体绕某一旋转特征线方向旋转一定的角度到达一个新的位置。与平移特征一样,旋转特征的操作对象也是当前工作空间的工作对象,在创建旋转特征之前也要先定义工作对象。

单击"变换特征"工具栏中的"平移"按钮 右下角的小三角符号,在展开的子工具栏中单击"旋转"按钮 ,弹出如图 3.82 所示的"旋转定义"对话框。

在"轴线"选择框中定义旋转特征,可以选择绘图区域中已有的直线或平面进行定义,也可以在"轴线"选择框中单击鼠标右键,选择快捷菜单中的相应命令加以定义。定义好轴线后,在"角度"数值框中输入所需旋转角度的数值,单击"确定"按钮完成旋转特征的创建,如图 3.83 所示。

图 3.82 "旋转定义"对话框

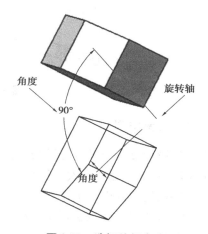

图 3.83 选择特征定义

3.5.3 对称特征

对称特征将工作对象对称移动到关于参考元素对称的位置,参考元素可以是点、线或平面,如图 3.84 所示。

定义对称特征同样需要先定义工作空间的工作对象,定义好工作对象后,在展开的变换子工具栏中单击"对称"按钮 ,弹出"定义对称"对话框。

在绘图区域中选择所需的点、线或平面添加到对话框中的"参考元素"选择框中,或者在"参考元素"选择框中单击鼠标右键,选择快捷菜单中的相应命令来定义一个参考元素,然后单击"确定"按钮,即可完成对称特征的创建。

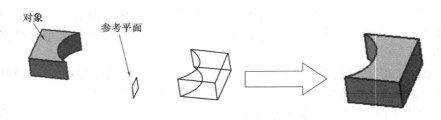

图 3.84　对称特征

3.5.4　镜像特征

镜像特征是将一个零件实体或若干零件实体特征的集合复制到关于参考元素对称的位置上。镜像特征与对称特征的不同之处在于,镜像特征是对目标元素进行复制,而对称是对目标进行移动。

在图形区域中选择定义需要进行镜像操作的实体特征,单击"变换特征"工具栏中的"镜像"按钮,弹出"镜像定义"对话框。在图形区域中选择需要的点、线或平面添加到对话框中的"镜像元素"选择框中,作为镜像操作的参考元素,单击"确定"按钮完成镜像操作,定义过程如图 3.85 所示。

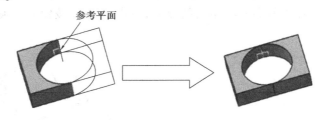

图 3.85　镜像特征定义

3.5.5　元素阵列

在零件设计过程中,用户经常会遇到一个零件上的不同位置出现多个相同特征的情况,在这种情况下,只需创建一次特征然后运用阵列命令,即可将这些特征复制到需要的位置上,从而避免特征的重复创建工作。

CATIA 零件设计模块提供了 3 种阵列特征创建命令:矩形阵列、圆形阵列和用户阵列。

1) 矩形阵列

矩形阵列创建一系列按矩形排列的相同特征,如图 3.86 所示。

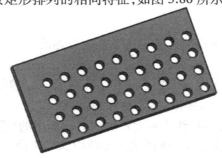

图 3.86　矩形阵列

单击"变换特征"工具栏中的"矩形图样"按钮 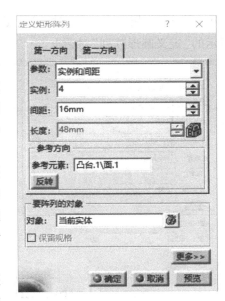，系统弹出"定义矩形阵列"对话框，如图 3.87 所示。

"定义矩形阵列"对话框中有两个选项卡："第一方向"和"第二方向"，分别用于定义阵列矩形两个边长方向上的参数，两个方向上的参数的定义方法相同。选项卡中的"参数"下拉列表框用于选择定义参数的类型，提供了 4 种不同的参数定义方式。

- 实例和长度：定义阵列中需要创建的重复特征的个数和这些特征分布区间的总长度数值来确定阵列的分布形式。选择此方式后直接在"实例"数值框和"长度"数值框中输入需要的长度即可，系统自动计算出各重复特征之间的间距。

- 实例和间距：定义重复特征个数和各重复特征之间的间距。选中此种方式后，分别在对话框中的"间距"和"实例"的数值框中输入需要的数值即可。

图 3.87　"定义矩形阵列"对话框

- 间距和长度：定义重复特征之间的间距和重复特征分布的总长度值。选中此种方式后，分别在对话框中的"间距"和"长度"数值框中输入需要的数值，系统将自动计算出是所需重复的特征个数。

- 实例和不等间距：用于定义重复特征之间间距不等的矩形阵列。选择此方式后，在"实例"数值框中输入需要重复的特征数目，系统在绘图区域生成阵列的预览效果，并在每个重复特征之间标注出间距的长度，依次选择这些尺寸标注线，然后在对话框中的"间距"数值框中输入需要的长度数值实现重复特征之间间距的修改。

定义好阵列中重复特征的各尺寸参数后，在对话框中的"参考方向"区域中定义阵列排列的方向，在"参考元素"选择框中单击鼠标左键，然后在绘图区域中选择需要的图形元素作为参考方向，或者在"参考元素"中单击鼠标右键，选择弹出快捷菜单中的命令来创建方向参考元素。

最后在"对象"选择框中单击鼠标左键，然后在图形区域中选择需要的特征实体作为阵列操作对象。

单击对话框右下角"更多"按钮展开对话框的高级选项，在右侧部分的"目标位置"区域中可以对原始特征在阵列的排列位置和整个阵列的旋转角进行定义，在对话框中的"方向 1 位置"和"方向 2 位置"数值框中直接输入放置原始特征的位置，在"旋转角度"数值框中输入需要阵列旋转的角度。

2) 圆形阵列

圆形阵列创建一系列按圆形排列的重复特征，如图 3.88 所示。

在"变换特征"工具栏中单击"矩形图样"按钮 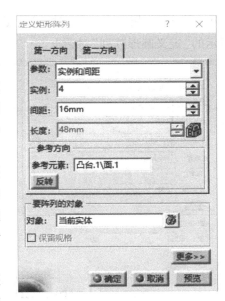 右下角

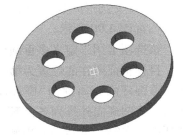

图 3.88　圆形阵列

的小三角符号,展开变换阵列模式子工具栏,单击其中的"圆周图样"按钮 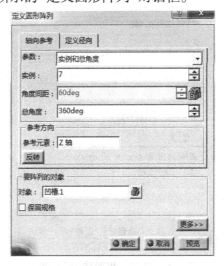 ,弹出如图 3.89 所示的"定义圆形阵列"对话框。

图 3.89 "定义圆形阵列"对话框

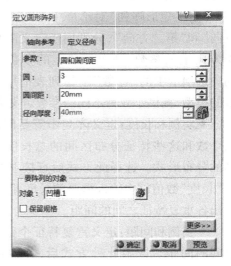

图 3.90 "定义径向"对话框

在"对象"选择框中定义用于创建圆形阵列的目标特征,在"参考元素"选择框中定义阵列中心旋转特征线,此旋转特征线经过圆形阵列的圆心且垂直于阵列所在的平面。

对话框中的"轴向参考"选项卡中定义阵列排列位置的各参数值,该选项卡下的"参数"下拉列表框中提供了 5 种参数定义方式。

- 实例和总角度:定义阵列中重复特征的个数和这些特征分布空间的总角度值。
- 实例和角度间距:在"实例"数值框中输入阵列中重复特征的个数,在"角度间距"数值框中输入各重复特征之间的角度间距数值,即可完成阵列的定义。
- 角度间距和总角度:在"角度间距"数值框中输入数值定义阵列中重复特征之间的间距,在"总角度"数值框中输入数值定义阵列分布空间的总角度,系统自动计算出阵列中重复特征的个数。
- 闭合圆环:此种方式是在一个闭合的圆上创建等间距排列的环形特征,定义参数时只需在对话框中的"实例"数值框中输入阵列中的重复特征数目即可,系统根据特征数目等分圆周计算各重复特征之间的角度间距。
- 实例和不等角度间距:在"实例"数值框中输入定义重复特征的个数,然后在"角度间距"数值框中输入分别定义各重复特征之间的间隔角度,生成各特征间隔不等的圆形阵列。

在"定义圆形阵列"对话框中还有一个选项卡"定义径向",如图 3.90 所示。

该选项卡用于定义多重圆形阵列,如图 3.91 所示。

目标特征所在的位置为第一重圆环,第一重圆环与最外一重圆环的距离称为"圆环厚度"。此厚度值为正时,由第一重圆环向外排列各圆环;厚度值为负,则将产生的圆环排列在第一重圆环的内侧。相邻两圆环之间的距离称为圆环步距。

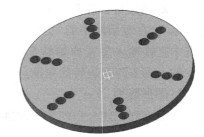

图 3.91 多重圆形阵列

"径向定义"选项卡的第一项"参数"下拉列表框中提供了 3 种多重圆环参数的定义方式。

- 圆与圆环厚度:指定圆环的重数和这些圆环分布的厚度值来定义多重圆环。
- 圆与圆环步距:指定圆环重数和相邻圆环之间的距离来定义多重圆环。
- 圆环步距和圆环厚度:指定相邻圆环之间的距离和圆环分布的总厚度值来定义多重圆环。

3) 用户阵列

用户阵列是将目标特征复制到用户定义的任意位置上,如图 3.92 所示。

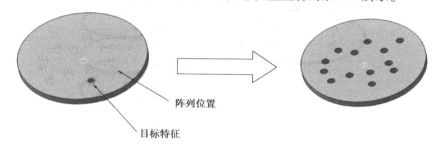

图 3.92　用户阵列

在绘图区域中选中需要复制的目标特征,然后单击"变换特征"工具栏中的"用户列阵"按钮 ⚙,系统弹出如图 3.93 所示的"定义用户列阵"对话框,所选中的目标特征被自动添加到"对象"选择框中。

图 3.93　"定义用户阵列"对话框

在对话框中的"位置"选择框中单击鼠标左键后,在绘图区域中选择定义需要复制目标特征到达的位置参考元素,这些元素可以是点或者定义了多个点位置的草图,最后单击"确定"按钮完成用户阵列的定义。

4) 分解阵列

各种阵列命令生成的阵列特征是一个整体,而在实际零件设计过程中,有时还需要对阵列中的某一个重复特征进行单独操作,此时就需要用分解阵列命令将阵列中的各个实例特征分解开来,以便于对它们进行单独编辑。如图 3.94 所示是将矩形阵列分解后,将其中的第二个元素平移一段距离后的零件实体。

图 3.94　分解阵列并编辑阵列实例

分解阵列的操作方法为:在项目树中用鼠标右键单击需要进行分解的阵列特征,在弹出的快捷菜单中选择"矩形模式对象"|"分解"命令,系统将阵列特征分解成单个独立的特征,

模型特征树中的阵列特征将不再存在,取而代之的是分解后的多个独立实体特征。如图 3.95 所示即为分解前后的特征树对比。

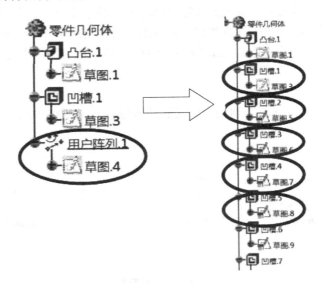

图 3.95　分解阵列前后的特征树对比

3.5.6　比例缩放

比例缩放命令按指令的比例对选中的零件实体特征尺寸进行放大或缩小。先在图形区域中选择需要进行缩放的实体特征,然后单击"变换特征"工具栏的"比例缩放"按钮 ，弹出如图 3.96 所示的"缩放定义"对话框。

对话框中的"参考"选择框用于定义进行比例缩放的基准点,在其中单击鼠标左键,然后在图形中选择合适的点或平面作为缩放基准,缩放操作将以其为中心进行。

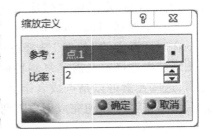

图 3.96　"缩放定义"对话框

在对话框中的"比例"数值框中输入缩放比例数值,也可以在图形区域中拖到"比例"标注箭头动态地对缩放比例进行定义,"比例"值大于 1 时将对目标实体进行放大,小于 1 则将目标实体缩小,如图 3.97 所示。

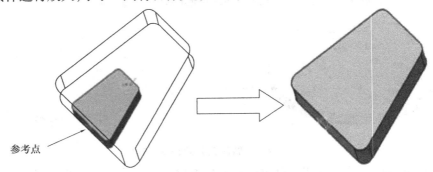

参考点

图 3.97　比例缩放定义

3.6　实例演练

3.6.1　创建轴承座实体模型

1) 实例介绍

轴承座也是一种常见的零件,其实体模型如图 3.98 所示。本例主要通过零部件设计模块的基本命令完成实体的创建。

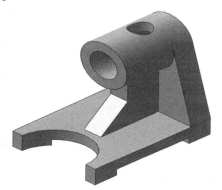

图 3.98　轴承座实体模型

2) 设计步骤

（1）确认尺寸

查看图纸正视图、仰视图和俯视图的尺寸,如图 3.99 所示。

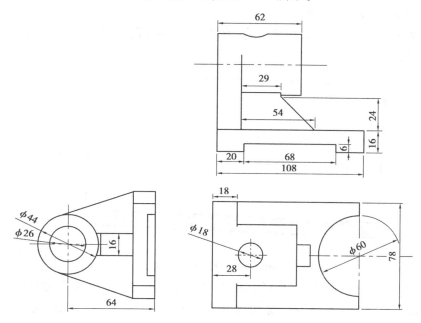

图 3.99　轴承座三视图

（2）创建零件文件

双击 CATIA 快捷方式图标进入基本环境，然后运行"开始"→"机械设计"→"零件设计"命令，输入零件名，进入零件设计界面。

（3）创建轴承座基体

步骤 1：单击"草图编辑器"工具栏中的"草图"按钮 ，选择 XY 平面，进入草图设计界面。单击"矩形"按钮 绘制拉伸体的轮廓线，利用约束定义草图位置。单击"约束"按钮 标注草图的尺寸，如图 3.100 所示。

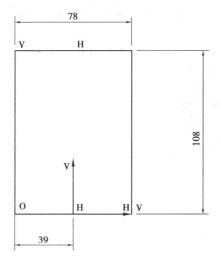

图 3.100　绘制草图并添加约束

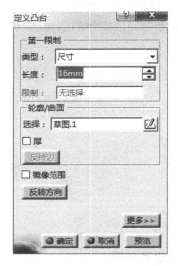

图 3.101　"定义凸台"对话框

步骤 2：单击"基于草图的特征"工具栏中的"凸台"按钮 ，轮廓则选择第一步创建的草图 1，长度 16 mm，如图 3.101 所示。

步骤 3：单击"参考元素"工具栏中的"平面"按钮 ，创建偏移平面，参考平面为 ZX 平面，偏移长度 108 mm，如图 3.102 所示。

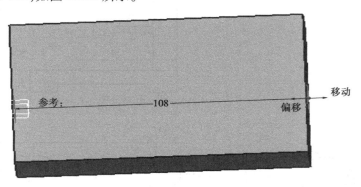

图 3.102　创建偏移平面

步骤 4：单击"草图编辑器"工具栏中的"草图"按钮 ，选择上一步创建的偏移平面，进入草图设计界面。绘制圆弧和两条切线，建立如图 3.103 所示轮廓线，利用"约束"工具约束直线与相切，利用"快速修剪"工具修剪多余线段。

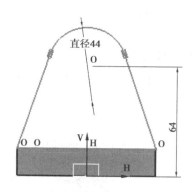

图 3.103 绘制轮廓线并添加约束

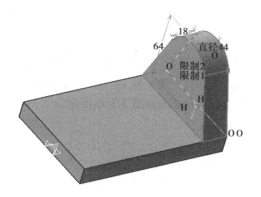

图 3.104 拉伸操作

步骤 5:单击"基于草图的特征"工具栏中的"凸台"按钮，轮廓选择第一步创建的草图 2,长度 18 mm,如图 3.104 所示。

步骤 6:单击"参考元素"工具栏中的"平面"按钮，创建偏移平面,以第三步创建的平面 1 为参考平面,偏移长度 62 mm,如图 3.105 所示。

步骤 7:单击"草图编辑器"工具栏中的"草图"按钮，选择上一步创建的偏移平面进入草图设计界面。绘制直径 44 mm 的圆,约束如图 3.106 所示。

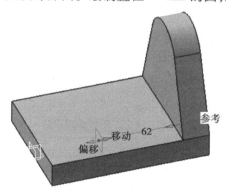

图 3.105 创建偏移平面

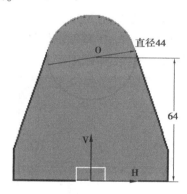

图 3.106 绘制圆并添加约束

步骤 8:单击"基于草图的特征"工具栏中的"凸台"按钮，轮廓选择上一步创建的草图 3,长度 44 mm,如图 3.107 所示。

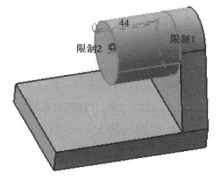

图 3.107 拉伸操作

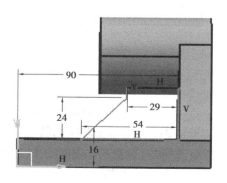

图 3.108 绘制图形并添加约束

步骤9：单击"草图编辑器"工具栏中的"草图"按钮![icon]，选择 YZ 平面进入草图设计界面，绘制如图 3.108 所示图形。

步骤10：单击"基于草图的特征"工具栏中的"凸台"按钮![icon]，轮廓选择上一步创建的草图4，单击"更多"，"第一限制"输入尺寸 8 mm，"第二限制"输入尺寸 8 mm，如图 3.109 所示。

此时零件实体如图 3.110 所示。

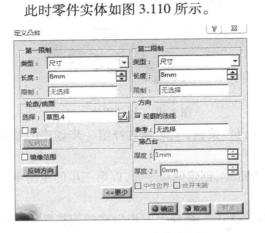

图 3.109　"定义凸台"对话框

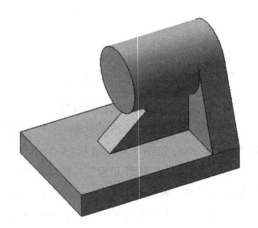

图 3.110　拉伸后效果图

（4）创建凹槽及孔洞

步骤1：单击"草图编辑器"工具栏中的"草图"按钮![icon]，选择 XY 平面进入草图设计界面，绘制如图 3.111 所示图形。

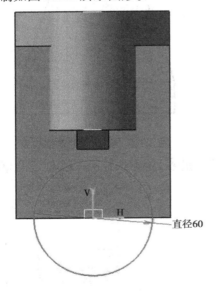

图 3.111　绘制圆并添加约束

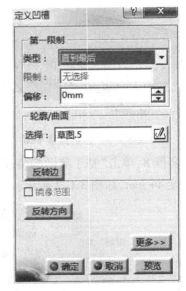

图 3.112　"定义凹槽"对话框

步骤2：单击"基于草图的特征"工具栏中的"凹槽"按钮![icon]，轮廓选择上一步创建的草图5，类型选择"直到最后"，如图 3.112 所示。

步骤3：单击"草图编辑器"工具栏中的"草图"按钮![icon]，选择 XY 平面进入草图设计界面，绘制如图 3.113 所示的矩形图形。

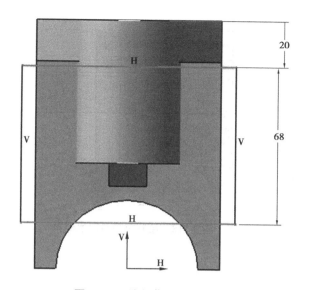

图 3.113　绘制草图并添加约束

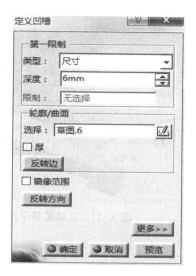

图 3.114　"定义凹槽"对话框

步骤 4:单击"基于草图的特征"工具栏中的"凹槽"按钮▣,轮廓选择上一步创建的草图 6,类型选择"尺寸",长度 6 mm,如图 3.114 所示。

步骤 5:在绘图区域中用鼠标左键选定图 3.115 所示的圆柱的一个顶面,最好选定左边的顶面。单击"基于草图的特征"工具栏中的"孔"按钮▣,设置孔"类型"为简单,"扩展"设为"直到最后",直径 26 mm,如图 3.116 所示。

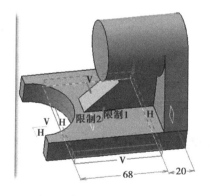

图 3.115　定义凹槽

图 3.116　"定义孔"对话框

步骤 6:单击"参考元素"工具栏中的"平面"按钮✍,创建偏移平面,以 XY 平面为参考,偏移 64 mm,如图 3.117 所示。

步骤 7:单击"草图编辑器"工具栏中的"草图"按钮✍,选择上一步创建的偏移平面进入草图设计界面。绘制圆,约束如图 3.118 所示。

步骤 8:单击"基于草图的特征"工具栏中的"凹槽"按钮▣,轮廓选择上一步创建的草图 7,类型选择"尺寸",长度 22 mm,如图 3.119 所示。

至此,轴承座创建完成,成品如图 3.120 所示。

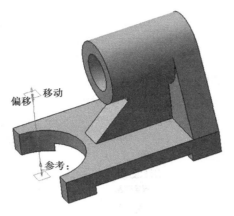

图 3.117　创建偏移平面

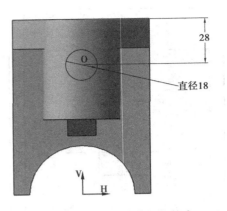

图 3.118　绘制草图并添加约束

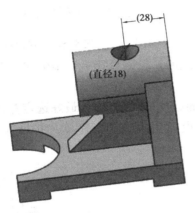

图 3.119　定义凹槽

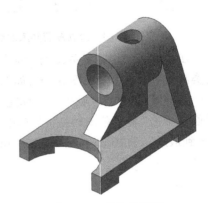

图 3.120　成品效果图

3.6.2　创建零件实体模型

1) 实例介绍

本零件的结构比较简单,其实体模型如图 3.121 所示。

图 3.121　零件实体模型

2）设计步骤

（1）观查图纸、确定尺寸

零件图纸如图 3.122 所示。

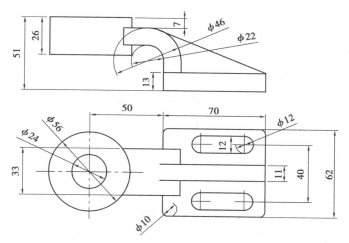

图 3.122　零件正视图及俯视图

（2）新建零件文件

双击 CATIA 快捷方式图标进入基本环境,然后执行"开始"→"机械设计"→"零件设计"命令,输入零件名,进入零件设计界面。

（3）创建基座

步骤 1：单击"草图编辑器"工具栏中的"草图"按钮，选择 XY 平面进入草图设计界面。单击"矩形"按钮绘制拉伸体的轮廓线,利用约束定义草图位置。单击"约束"按钮,标注草图的尺寸,如图 3.123 所示。单击"矩形"按钮右下角三角按钮,弹出子工具栏,选择"延长孔",定位尺寸如图 3.124 所示,按住 Ctrl 键依次点击延长孔轮廓选中,单击"操作"→"镜像"按钮,然后单击 H 轴,如图 3.125 所示。

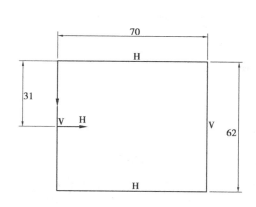

图 3.123　绘制矩形并添加约束

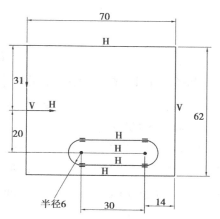

图 3.124　绘制延长孔并添加约束

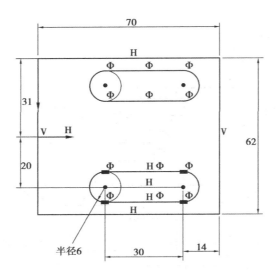

图 3.125   镜像延长孔

步骤 2:单击"基于草图的特征"工具栏中的"凸台"按钮 ，轮廓选择第一步创建的草图 1,长度 13 mm,如图 3.126 所示。

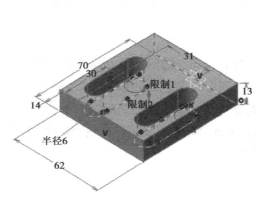

图 3.126   定义凸台

步骤 3:单击"参考元素"工具栏中的"平面"按钮 ，创建偏移平面,参考平面为 XY 平面,偏移 51 mm,如图 3.127 所示。

步骤 4:单击"草图编辑器"工具栏中的"草图"按钮 ，选择上一步创建的平面 1 进入草图设计界面。创建直径分别是 24 mm 和 56 mm 的同心圆,约束如图 3.128 所示。

步骤 5:单击"基于草图的特征"工具栏中的"凸台"按钮 ，轮廓选择上一步创建的草图 2,长度 26 mm,如图 3.129 所示。

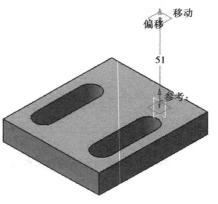

图 3.127   创建偏移平面

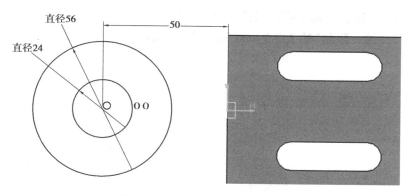

图 3.128 绘制草图并添加约束

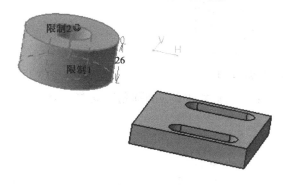

图 3.129 定义凸台

步骤 6:单击"草图编辑器"工具栏中的"草图"按钮,选择 ZX 平面进入草图设计界面,创建如图 3.130 所示的草图。

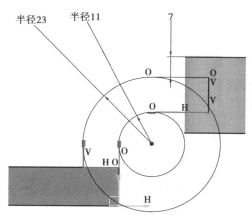

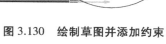

图 3.130 绘制草图并添加约束

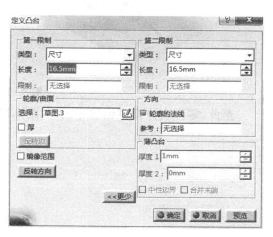

图 3.131 "定义凸台"对话框

步骤 7:单击"基于草图的特征"工具栏中的"凸台"按钮,轮廓选择上一步创建的草图 3,单击"更多","第一限制"输入 16.5 mm,"第二限制"输入 16.5 mm,如图 3.131 所示。

步骤 8:单击"草图编辑器"工具栏中的"草图"按钮,选择 ZX 平面进入草图设计界面,创建如图 3.132 所示的草图。

步骤 9：单击"基于草图的特征"工具栏中的"凸台"按钮 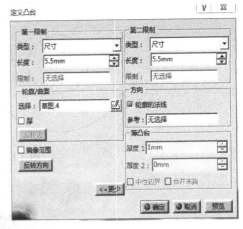 ，轮廓选择上一步创建的草图 4，单击"更多"，"第一限制"输入 5.5 mm，"第二限制"输入 5.5 mm，如图 3.133 所示。

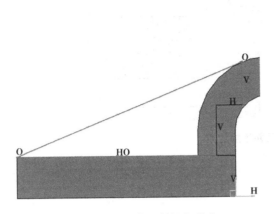

图 3.132 绘制草图并添加约束

图 3.133 "定义凸台"对话框

步骤 10：单击"修饰特征"工具栏中的"倒圆角"，选择基体的四条棱边，半径 5 mm，如图 3.134 所示。

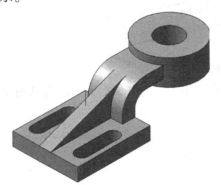

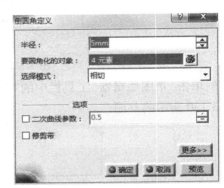

图 3.134 倒圆角操作

至此，零件实体模型创建完成，如图 3.135 所示。

图 3.135 成品效果图

3.6.3　创建轮胎实体模型

1) 实例介绍

轮胎实体模型如图 3.136 所示。本例通过对零部件设计模块的基本命令来完成实体的创建。

2) 设计步骤

（1）新建零件文件

双击 CATIA 快捷方式进入基本环境，然后单击"开始"→"机械设计"→"零部件设计"命令，输入零部件名称，进入零件设计界面。

图 3.136　轮胎实体模型

（2）创建轮胎的基体

步骤 1：单击"草图编辑器"工具栏的"草图"按钮，选择 YZ 平面进入草图设计界面。单击"轮廓"按钮绘制旋转体的轮廓曲线，利用约束定义草图位置。单击"尺寸约束"按钮标注草图的尺寸，并利用"编辑多重约束"按钮对尺寸进行编辑。轮廓曲线如图 3.137 所示。

步骤 2：单击"基于草图特征"工具栏中的"旋转体"按钮，选择 Y 轴作为旋转轴，以上一步绘制的草图为轮廓，其他选项为默认设置，旋转角度为 360°，如图 3.138 所示。

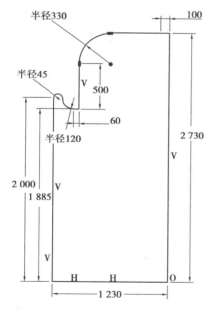

图 3.137　绘制草图并添加约束

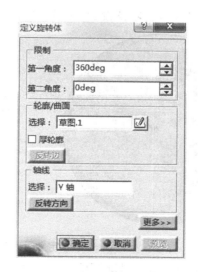

图 3.138　定义旋转体

（3）创建轮胎基体的凹槽和沉孔

步骤 1：单击"草图编辑器"工具栏的"草图"按钮，选择 ZX 平面进入草图设计界面。绘制直径为 170 的圆,利用约束定义草图位置,如图 3.139 所示。

步骤 2：单击"基于草图的特征"工具栏中的"凹槽"按钮▣，轮廓选择上一步创建的草图 2，类型选择"尺寸"。凹槽深度 250 mm，其他设为默认，如图 3.140 所示。

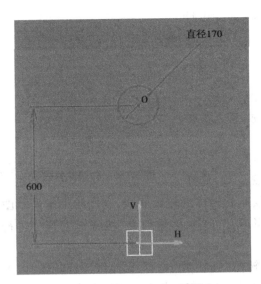

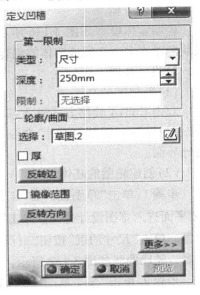

图 3.139　绘制草图并添加约束　　　　　　　图 3.140　"定义凹槽"对话框

步骤 3：单击"变换特征"工具栏中的"圆周变换"按钮❀，进入"定义圆形阵列"对话框，实例个数设为 4 个；将上一步得到的孔绕 Y 轴进行阵列，选择上一步创建的凹槽 1 为对象，以 Y 轴为参考元素，其他选项卡为默认设置，如图 3.141 所示。

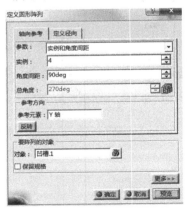

图 3.141　定义圆形阵列

步骤 4：单击"草图编辑器"工具栏中的"草图"按钮▨，选择 ZX 平面进入草图设计界面。绘制直径分别为 3 510 mm 和 1 340 mm 的两个圆弧，大圆圆心在原点，小圆圆心在大圆的圆周上，利用"快速修剪"按钮✎，得到两条圆弧的相交部分，利用约束定义草图位置，如图3.142 所示。

步骤 5：单击"基于草图的特征"工具栏中的"凹槽"按钮▣，进入"定义凹槽"对话框。以上一步绘制的草图为轮廓绘制凹槽，开槽类型为"直到最后"，其他选项为默认设置，如图 3.143 所示。

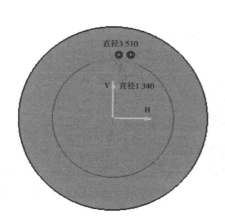

图 3.142　修剪后的草图

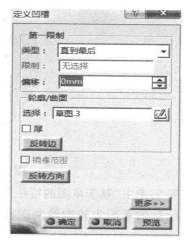

图 3.143　"定义凹槽"对话框

步骤 6：单击"变换特征"工具栏中的"圆周变换"按钮❁，进入"定义圆形阵列"对话框，实例个数设为 5 个；将上一步得到的孔绕 Y 轴进行阵列，选择上一步创建的凹槽 2 为对象，以 Y 轴为参考元素，其他选项卡为默认设置，如图 3.144 所示。

步骤 7：单击"参考元素"工具栏中的"平面"按钮▱，创建偏移平面，参考平面为 ZX 平面，偏移 1 230 mm，如图 3.145 所示。

图 3.144　定义圆形阵列

图 3.145　创建偏移平面

步骤 8：单击"草图编辑器"工具栏中的"草图"按钮▨，选择上一步创建的平面 1 进入草图设计界面。绘制直径分别为 3 600 mm 和 1 780 mm 的两个圆，圆心和平面原点重合，利用尺寸定义草图，如图 3.146 所示。

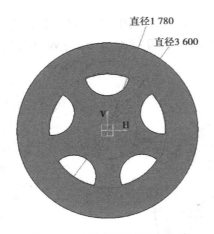

图 3.146　绘制草图并添加约束

步骤 9：单击"基于草图的特征"工具栏中的"凹槽"按钮，进入"定义凹槽"对话框，以上一步绘制的草图为轮廓绘制凹槽，凹槽深度 810 mm，其他选项为默认设置，如图 3.147 所示。

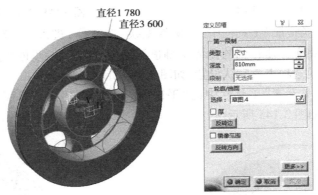

图 3.147　定义凹槽

步骤 10：单击"草图编辑器"工具栏的"草图"按钮，选择 ZX 平面进入草图设计界面，绘制轮廓曲线如图 3.148 所示。

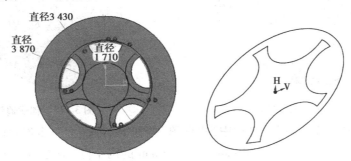

图 3.148　绘制草图并添加约束

步骤 11：单击"基于草图的特征"工具栏中的"凹槽"按钮，进入"定义凹槽"对话框，以上一步绘制的草图为轮廓绘制凹槽，凹槽深度 100 mm，其他选项为默认设置，如图 3.149 所示。

步骤 12：单击"修饰特征"工具栏中的"倒圆角"按钮，进入"倒圆角定义"对话框，以基体的边线作为圆角化的对象，圆角半径 50 mm，"选择模式"设为"相切"，其他选项为默认设置，如图 3.150 所示。

步骤 13：单击"修饰特征"工具栏中的"倒圆角"按钮，进入"倒圆角定义"对话框，以基体上创建的沉孔作为圆角化的对象，圆角半径 75 mm，"选择模式"设为"相切"，其他选项为默认设置，如图 3.151 所示。

图 3.149　"定义凹槽"对话框

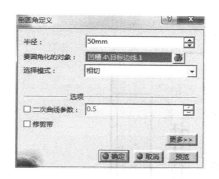

图 3.150　倒圆角操作

图 3.151　倒圆角操作

步骤 14：单击"修饰特征"工具栏中的"倒圆角"按钮，进入"倒圆角定义"对话框，以第 11 步创建凹槽边线作为圆角化的对象，圆角半径 25 mm，"选择模式"设为"相切"，其他选项为默认设置，如图 3.152 所示。

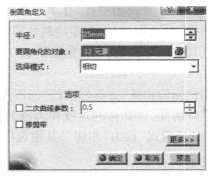

图 3.152　倒圆角操作

（4）创建轮胎侧面的凹槽

步骤 1：单击"草图编辑器"工具栏的"草图"按钮，选择 YZ 平面进入草图设计界面，绘制轮廓曲线如图 3.153 所示。

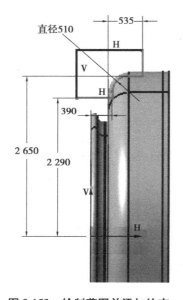

图 3.153　绘制草图并添加约束

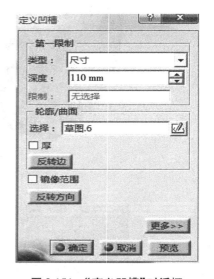

图 3.154　"定义凹槽"对话框

步骤 2：单击"基于草图的特征"工具栏中的"凹槽"按钮，进入"定义凹槽"对话框，以上一步绘制的草图为轮廓绘制凹槽，凹槽深度 110 mm，其他选项为默认设置，如图 3.154 所示。

步骤 3：单击"变换特征"工具栏中的"圆周变换"按钮，进入"定义圆形阵列"对话框，实例个数设为 48 个，角度间距 7.5°；将上一步得到的凹槽绕 Y 轴进行阵列，选择上一步创建的凹槽 5 为对象，以 Y 轴为参考元素，其他选项卡为默认设置，如图 3.155 所示。

图 3.155 定义圆形阵列

步骤 4:单击"参考元素"工具栏中的"平面"按钮⟋,创建偏移平面,参考平面为 XY 平面,偏移 2 730 mm,如图 3.156 所示。

步骤 5:单击"草图编辑器"工具栏的"草图"按钮⟋,选择步骤 4 的偏移平面 XY 进入草图设计界面,绘制轮廓曲线,水平线段应和槽边缘相合,如图 3.157 所示。

步骤 6:单击"基于草图的特征"工具栏中的"凹槽"按钮⟋,进入"定义凹槽"对话框,以上一步绘制的草图为轮廓绘制凹槽,"类型"设为"直到平面",其他选项为默认设置,如图3.158所示。

图 3.156 创建偏移平面

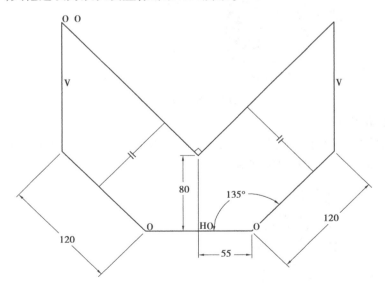

图 3.157 绘制草图并添加约束

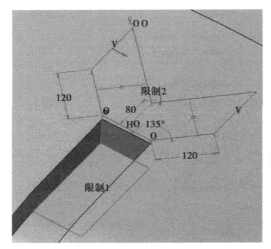

图 3.158　定义凹槽

步骤 7：单击"变换特征"工具栏中的"圆周变换"按钮 ◯，进入"定义圆形阵列"对话框，实例个数设为 48 个，角度间距 7.5 deg；将上一步得到的凹槽绕 Y 轴进行阵列，选择上一步创建的凹槽 6 为对象，以 Y 轴为参考元素，其他选项卡为默认设置，如图 3.159 所示。

图 3.159　定义圆形阵列

（5）创建轮胎实体

单击"变换特征"工具栏中的"镜像"按钮 ，单击平面 1，进入"定义镜像"对话框，当前实体作为镜像对象，结果如图 3.160 所示。

图 3.160　镜像操作

至此,轮胎实体创建完成,成品如图 3.161 所示。

图 3.161　成品效果图

本章小结

本章详细介绍了零件设计模块中的基础特征、工程特征、修饰特征、变换特征等工具栏中具体工具的应用,并通过几个实例对具体工具进行实际应用,使读者对常规操作能有基本认识。同时,利用这些特征工具栏还可以创建更为复杂的实体模型,这就需要读者自己多练习、多思考。

第 **4** 章

创成式外形设计——线框设计

4.1　概　述

创成式外形设计(Generative Shape Design),简称GSD,是非常完整的曲线操作工具和最基础的曲面构造工具,除了可以完成所有曲线操作以外,还可以具有拉伸、旋转、扫描、边界填补、桥接、修补碎片、拼接、凸点、裁剪、光顺、投影和高级投影、倒角等功能;其强大的曲面造型能力是CATIA尤为值得称道的地方,广泛应用于汽车制造、航空航天、船舶制造、厂房设计等领域。

进入CATIA的基本环境后,执行"开始"→"机械设计"→"创成式外形设计"命令,输入零部件的名称即可进入设计界面,设计产生的文件后缀为.CATIAPart。

4.2　设计界面工具栏

创成式外形设计工具栏如图4.1所示。

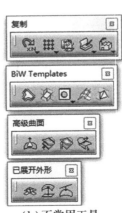

(a)常用工具　　　　　　　(b)不常用工具

图4.1　常用与不常用工具栏

4.3　线框设计

4.3.1　确定点

图标 ▪ 的功能是生成点。可以通过输入点的坐标，在曲线、平面或曲面上取点，还可获取圆心点、与曲线相切的点，以及用两点之间的比例系数获取点。

1）通过坐标确定点

选择图 4.2 所示对话框下拉列表坐标项，对话框改变为如图 4.3 所示，分别在对话框的 X，Y，Z 文本框中输入 X，Y，Z 相对于参考点的 X，Y，Z 坐标值，点击"确定"，即可得到此点。

图 4.2　"点定义"对话框

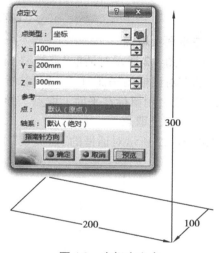

图 4.3　坐标定义点

参考点可以是坐标原点或者以已知点、默认点为坐标原点。

2）在曲线上取点

选择如图 4.2 所示对话框"点类型"下拉列表的"曲线上"，对话框如图 4.4 所示。
该对话框各项含义：

● 曲线上距离：根据距离确定点。

● 曲线长度比率：根据长度比例系数确定点。

● 长度：若为距离方式取点，该项为长度；若根据比例系数取点，该项为系数。

● 测地距离：曲线距离（弧长）。

● 直线距离：一点到该点的直线距离。

● 最近端点：距离参考点最近的那个端点为生成的点。

● 中点：曲线的中点为生成的点。

● 参考点：输入距离的参考点，默认的参考点是曲线的端点。

● 反转方向：设置另一个端点为参考点。

● 确定后重复对象：可以在此命令结束后多次重复生成点的命令。重复次数在随后弹出的对话框中输入，参数将作相应调整。

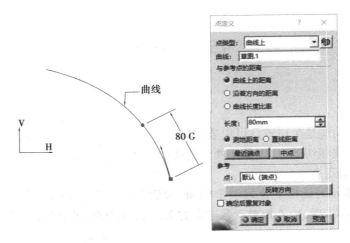

图 4.4　曲线上取点

3）在平面上取点

选择如图 4.2 所示对话框"点类型"下拉列表的"平面上"，对话框如图 4.5 所示。

分别在对话框的平面 H，V 以及参考点输入平面 H，V 坐标值以及参考点，单击"确定"，可得此点；或者用鼠标在平面上取点。参考点可以是平面上任一点，默认为原点。

4）在曲面上取点

选择图 4.2 所示对话框的"点类型"下拉列表的"曲面上"，对话框如图 4.6 所示。

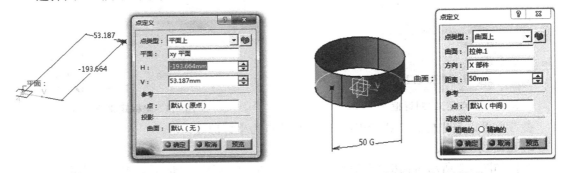

图 4.5　平面上取点　　　　　　　　　　　图 4.6　曲面上取点

分别在对话框的曲面、方向、距离、参考点处输入相关参数，单击"确定"，可得此点；或者用鼠标在曲面上取点。参考点可以是曲面上任一点，默认为曲面中心。

5）取圆心

选择如图 4.2 所示对话框"点类型"下拉列表的"圆/球面/椭圆中心"，对话框如图 4.7 所示。在"圆/球面/椭圆"框中输入名称，单击"确定"，可得此点。

6）取给定切线方向的曲线上的切点

选择图 4.2 所示对话框"点类型"下拉列表中的"曲线上的切线"，对话框如图 4.8 所示。在"曲线"和"方向"文本框中输入名称，单击"确定"，可得给定切线方向的曲线上的切点。

7）间距比例系数生成两点（连线）之间的一个点

选择图 4.2 所示对话框"点类型"下拉列表中的"之间"，对话框如图 4.9 所示。在对话框的"点 1"、"点 2"、"比率"文本框中分别输入相关内容，单击"确定"，可得两点比例分割点。

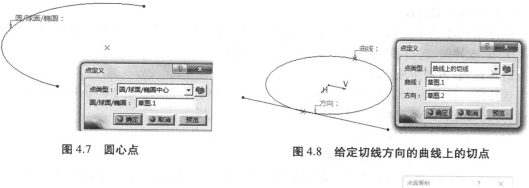

图 4.7　圆心点　　　　　　　　　　图 4.8　给定切线方向的曲线上的切点

图 4.9　两点比例分割点

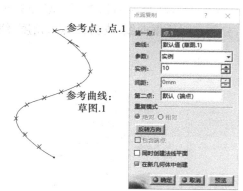

图 4.10　多点创建

8）多点创建

该功能可创建多重点，单击线框里 按键，弹出"点面复制"对话框，如图 4.10 所示。在对话框中输入所需，就可得到你想要的点个数。

4.3.2　生成直线

图标 的作用是生成直线。

单击 ，弹出如图 4.11 所示"直线定义"对话框。

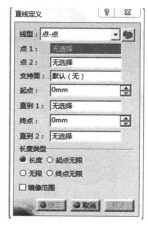

图 4.11　"直线定义"对话框

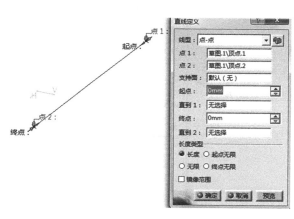

图 4.12　点-点成直线

1)过两点生成直线

选择图 4.11 所示对话框"线型"下拉列表的"点-点",对话框变为如图 4.12 所示,分别在点 1、点 2、支持面、起点、终点填入所需,即可获得直线。

2)通过点、方向生成直线

选择图 4.11 所示对话框"线型"下拉列表的"点-方向",对话框变为如图 4.13 所示,分别在点、方向、起点、终点文本框输入所需内容,即可得到直线。

"反转方向":与原方向相反。

3)与曲线成角度或法线生成直线

选择如图 4.11 所示对话框"线型"下拉列表的"曲线的角度/法线",对话框变为如图4.14所示,分别在对话框曲线、支持面、点、角度、终点文本框输入所需内容,即可得到直线。

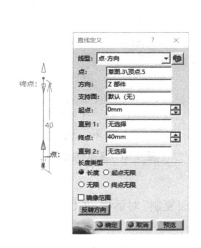

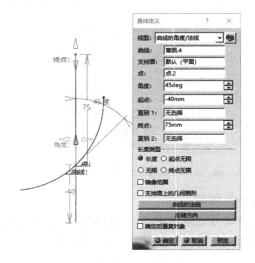

图 4.13　点-方向成直线　　　图 4.14　与曲线成角度或法线生成直线

4)生成曲线切线

选择如图 4.11 所示对话框"线型"下拉列表的"曲线的切线",对话框变为如图 4.15 所示。元素 2 可以是曲线,也可以是点。

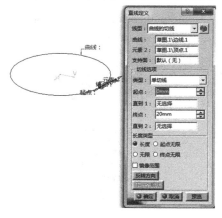

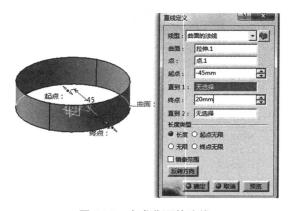

图 4.15　生成曲线的切线　　　图 4.16　生成曲面的法线

5）生成曲面法线

选择图 4.11 所示对话框"线型"下拉列表的"曲面的法线",对话框变为如图 4.16 所示,分别在对话框里的曲面、点、起点、终点文本框输入所需内容,即可得到曲面的法线。

6）生成角平分线

选择如图 4.11 所示对话框"线型"下拉列表的"角平分线",对话框变为如图 4.17 所示。

直线 1：输入一直线。

直线 2：输入另一直线。两直线相交。

7）生成轴

点击线框，第二个图标为轴,点击轴键,弹出"轴线定义"对话框,如图 4.18 所示。

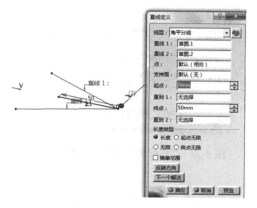

图 4.17　角平分线

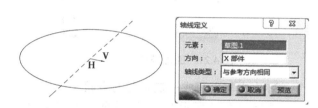

图 4.18　轴线定义

8）生成多线段

点击线框第三个图标为折线,点击折线键,弹出折线定义框,如图 4.19 所示。

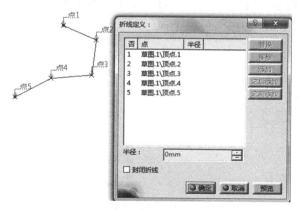

图 4.19　通过多点生成多段线

图 4.20　"平面定义"对话框

4.3.3　生成平面

图标的功能就是生成平面。

单击，弹出如图 4.20 所示的"平面定义"对话框。

1）生成偏移平面

选择如图 4.20 所示对话框"平面类型"下拉列表的"偏移平面"，对话框变为如图 4.21 所示。

参考：选定一个平面作参考。

偏移：生成平面与参考平面距离。

在对话框中输入所需内容，单击"确定"，可得平面。

2）生成平行通过点的平面

选择图 4.20 所示对话框"平面类型"下拉列表的"平行通过点"，对话框变为如图 4.22 所示。在对话框中输入所需内容，单击"确定"，可得平面。

图 4.21　通过偏移得平面

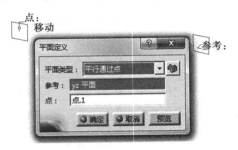

图 4.22　"平行通过点"得平面

3）生成与平面成一定角度的平面

选择图 4.20 所示对话框"平面类型"下拉列表的"与平面成一定角度"，对话框变为如图 4.23 所示。

在对话框中输入所需内容，单击"确定"，可得平面（先画直线和参考平面）。

4）生成通过三个点的平面

选择如图 4.20 所示对话框"平面类型"下拉列表的"通过三个点"，对话框变为如图 4.24 所示界面。在对话框中输入所需内容，单击"确定"，可得平面（先画三个点）。

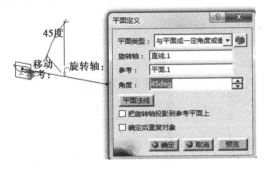

图 4.23　通过"与平面成一定角度"得平面

图 4.24　"通过三个点"得平面

5）生成通过两条直线的平面

选择图 4.20 所示对话框"平面类型"下拉列表的"通过两条直线"，对话框变为如图 4.25 所示。在对话框中输入所需内容，单击"确定"，可得平面（先画两条直线）。

6）生成通过点和直线的平面

选择图 4.20 所示对话框"平面类型"下拉列表的"通过点和直线"，对话框变为如图4.26

所示。在对话框中输入所需内容,单击"确定",可得平面(先画直线和点)。

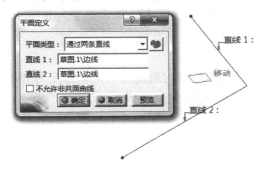

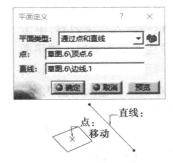

图 4.25　"通过两条直线"得平面　　　　图 4.26　"通过点和直线"得平面

7) 生成通过平面曲线的平面

选择图 4.20 所示对话框"平面类型"下拉列表的"通过平面曲线",对话框变为如图 4.27 所示。在对话框中输入所需内容,单击"确定",可得平面(先画曲线)。

8) 生成曲线法平面

选择图 4.20 所示对话框"平面类型"下拉列表的"曲线的法线",对话框变为如图 4.28 所示。在对话框中输入所需内容,单击"确定",可得平面(先画曲线和点)。

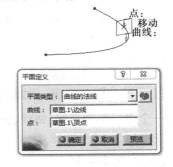

图 4.27　"通过平面曲线"得平面　　　　图 4.28　通过"曲线的法线"得平面

9) 生成曲面的切平面

选择图 4.20 所示对话框"平面类型"下拉列表的"曲面的切线",对话框变为如图 4.29 所示。在对话框中输入所需内容,单击"确定",可得平面(先画曲线和点)。

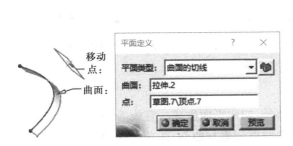

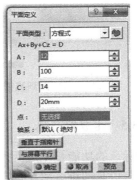

图 4.29　通过"曲面的切线"得平面　　　　图 4.30　通过"方程式"得平面

10）**生成方程式的平面**

选择图 4.20 所示对话框"平面类型"下拉列表的"方程式"，对话框变为如图 4.30 所示。在对话框中输入所需内容，单击"确定"，可得平面。

11）**生成平均通过点的平面**

选择图 4.20 所示对话框"平面类型"下拉列表的"平均通过点"，对话框变为如图 4.31 所示。在对话框中输入所需内容，单击"确定"，可得平面（先画几个点）。

12）**面间复制**

单击 ，在给定的两个平行平面之间插入平面 ，单击面间复制，弹出对话框如图 4.32 所示（先定义平面）。

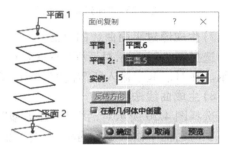

图 4.31　平均通过点得平面　　　　　　图 4.32　两平面之间插入复制平面

4.3.4　生成投影

图标 的功能是生成一元素与另一元素上的投影（元素是点、直线和曲线）。

1）**一个点投影到直线、曲线、曲面上**

定义框如图 4.33 所示。

2）**沿某一方向投影**

定义框如图 4.34 所示。

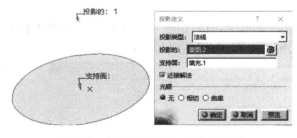

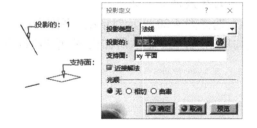

图 4.33　点投影到直线、曲线、曲面上　　　　图 4.34　沿某一方向投影

4.3.5　生成相交线

图标 的功能是生成两元素的相交部分，如两平面生成一直线等，如图 4.35 所示。第一、二元素可以是线框元素之间、曲面与曲面、线框元素与曲面、曲面与拉伸等实体之间，单击"确定"，就可得所需。

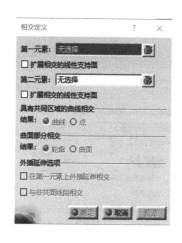
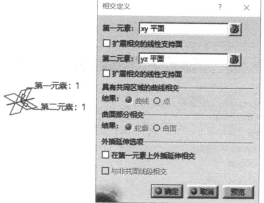

图 4.35　两平面相交线

4.3.6　生成平行曲线

图标的功能是在基础面上生成一条及多条与给定曲线相平行的曲线(等距),单击该图标,会弹出如图 4.36 所示的定义框。对话框含义如下:

● 平行模式:选择距离类型,有直线距离、测地距离这两种类型。

● 平行圆角类型:平行线的拐角类型,有尖的(角)、圆的(角)这两种类型。

● 曲线:输入需要等距平行的参考曲线。

● 支持面:输入曲线的支持平面。

● 双侧:曲线两侧都生成平行曲线。

● 确定后重复对象:以生成的曲线为参考曲线重复生成等距曲线,个数由之后弹出的对话框设置。

● 反转方向:偏移方向变向。

● 常量:一个是常数距离,另一个是法则曲线。

图 4.36　"平行曲线定义"对话框

4.3.7　二次曲线

1)生成圆和圆弧

图标的功能是生成圆或圆弧。单击该图标,出现如图 4.37 所示的对话框。

● 圆类型:选择生成圆和圆弧方式,有 9 种选择,即中心和半径,中心和点,两点和半径,三点,中心和轴线,双切和半径,双切和点,三切线,中心和切线。

● 中心:输入圆心点。

● 支持面:输入支持平面。

● 半径:输入数值。

● ：上面限制的图形分别为圆弧、圆、优弧、劣弧。

● 圆限制的开始和结束:圆弧的起始和结束角度。

根据输入,创建圆弧如图 4.38 所示。

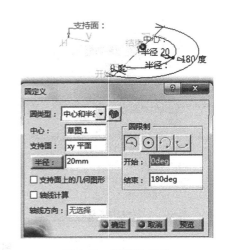

图 4.37 "圆定义"对话框

图 4.38 圆弧的创建

2) 倒圆角

单击图标 🖿,会弹出如图 4.39 所示的对话框。

元素 1:输入直线或曲线。

元素 2:输入另一直线和曲线。

支持面:输入两元素公共平面。

半径:输入半径值。

下一解法:切换到下一个元素,如图 4.40 所示。

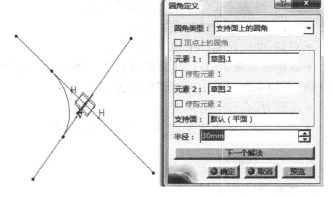

图 4.39 "圆角定义"对话框

图 4.40 倒圆角

3) 生成连接曲线

图标 ⌣ 的功能是生成两条曲线连接的曲线,并可控制连接点处的连续性。单击该图标,弹出如图 4.41 的对话框。

4) 生成二次曲线

图标 🖿 的功能是生成抛物线、双曲线或椭圆等二次曲线。输入条件大致分为如下几种情况:

● 起点、终点及其切线方向和一个系数值。

● 起点、终点及其切线方向和一个经过点。

104

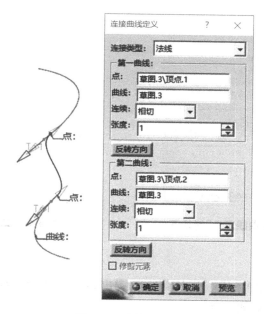

图 4.41　连接两段曲线

- 起点、终点、一个起始点切线方向的控制点和一个系数值。
- 起点、终点、一个起始点切线方向的控制点和一个经过点。
- 4 个点和其中一点的切线方向。
- 5 个点。

单击图标🔧,会弹出如图 4.42 所示的对话框。

- 支持面:输入基础平面。二次曲线是平面曲线,应选择平面或者创建平面。
- 约束限制:限制条件。
- 点:起点输入区域。开始:输入二次曲线的起点。结束:输入二次曲线的终点。
- 切线:起始点的切线限制。开始:输入起点的切线方向。结束:输入终点的切线方向。
- 切线相交点:选中复选框上面的起点、终点切线,限制随之失效。起点、终点的切线方向由起点、终点和输入点连线确定。
- 点:输入一个参考点。
- 参数:在右边的文本框输入一个参数,若此按钮为打开状态,该项下面的点和切线方向自动失效。参数的意义:参数<0.5,生成的二次曲线是椭圆;参数 = 0.5 生成抛物线;参数>0.5 生成的二次曲线是双曲线。
- 点 1:输入第一个中间点。
- 切线 1:输入第一个中间点的切线方向。
- 点 2:输入第二个中间点。
- 切线 2:输入第二个中间点的切线方向。
- 点 3:输入第三个中间点。

在图 4.42 对话框中输入所需参数,可得图 4.43 所示二次曲线。

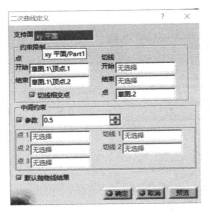

图 4.42 "二次曲线定义"对话框

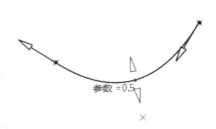

图 4.43 二次曲线

4.3.8 生成样条线

图标📍的功能是生成样条线。单击该图标,弹出如图 4.44 所示对话框。

- 之后添点:选择点后插入点。
- 之前添点:选择点前插入点。
- 替换点:替换选择点。
- 支持面上的几何图形:样条线投影在基础面上。
- 封闭样条线:样条线起点和终点连接起来形成封闭区域。
- 约束类型:约束种类。
- 切线方向:输入切线方向。
- 切线张度:输入张度。
- 移除点:去掉选择点。
- 移除相切:去掉选择点的切线方向。
- 反转切线:切线方向取反。
- 移除曲率:去掉曲率。

输入所需,得到如图 4.45(是图 4.44 定义框定义而来)所示的样条线。

图 4.44 "样条线定义"对话框

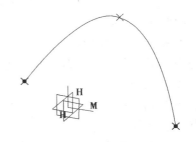

图 4.45 样条线

4.3.9　生成螺旋曲线

图标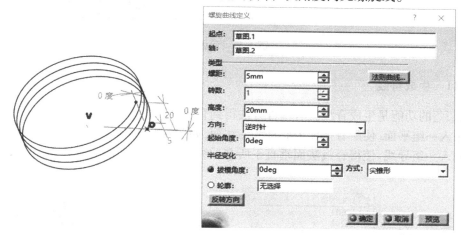的功能是生成螺旋曲线。单击该图标,弹出如图 4.46 所示对话框。

- 起点:选择螺旋曲线的起点。
- 轴:选择螺旋曲线的中心线和方向。
- 螺距:输入螺距。
- 转数:输入总圈数。
- 高度:输入总高度。
- 方向:选择旋向。
- 角度:输入螺旋的起始角度,从起点开始计算,在次角度内无螺旋线。

图 4.46　"螺旋曲线定义"对话框

4.3.10　生成涡线

图标◎的功能是生成涡线。单击该图标,弹出如图 4.47 所示对话框。

- 支持面:选择基础平面。
- 中心点:选择中心点。
- 参考方向:选择参考方向。
- 起始半径:输入起始半径。
- 方向:选择旋向,有顺时针和逆时针。
- 类型:选择生成涡线的类型。
- 终止角度:输入末圈角度。
- 终止半径:输入末圈半径。
- 转数:输入总圈数。
- 螺距:输入导程。

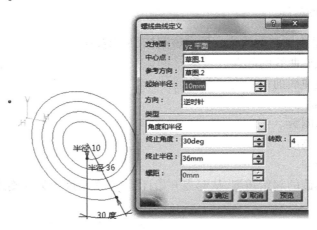

图 4.47　涡线

4.3.11　生成脊线

图标 的功能是生成脊线。有两种方法得到脊线：
- 输入一组平面,使所有平面为此脊线的法面,如图 4.48 所示。
- 输入一组导线,使得脊线法面垂直于所有导线,如图 4.49 所示。

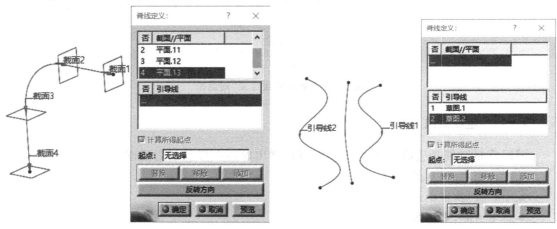

图 4.48　多个平面生成脊线　　　　　　　　图 4.49　两曲线生成脊线

4.3.12　混合曲线（相贯线）

图标 的功能是生成相贯线(混合曲线)。

单击该图标,出现如图 4.50 所示对话框。
- 混合类型:曲线拉伸方向,有沿指定方向或者沿基础面中心的法线方向两种类型。
- 曲线 1、2:分别输入两条曲线。
- 方向 1、2:分别输入两条曲线的拉伸方向。
- 近接解法:如选中,当相贯线为不连续的多元素时,会弹出对话框,询问是否选择其中之一。

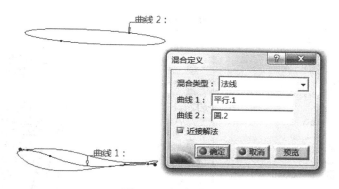

图 4.50　混合曲线

4.3.13　生成反射线

图标 ⌣ 的功能是生成反射线。

单击该图标,出现如图 4.51 所示对话框。

- 支持面 :输入基础曲面。
- 方向 :输入一个方向。
- 角度 :输入同一个角度值。
- 角度参考 :若此键为打开状态,则反射线定义为曲线的切线和给定方向给定角度的点集合。

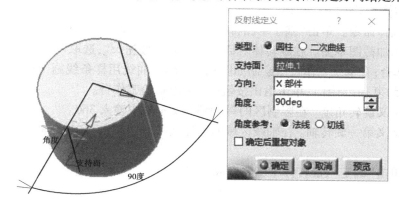

图 4.51　反射线

4.4　实例演练

本实例讲解了饮料瓶的设计过程,其中使用了一些建模与曲面结合的基本命令:旋转体、凸台、肋、圆形阵列、提取、投影、相交、填充、结合、多曲面等。部分特征树和瓶子实体模型如图 4.52 所示。

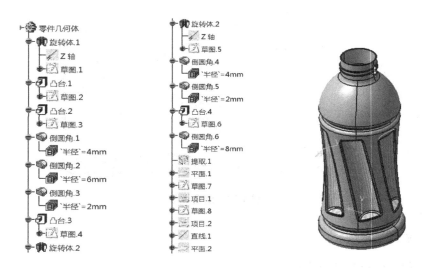

图 4.52　部分特征树和瓶子实体模型

（1）新建模型文件

单击"开始"，选择"机械设计"选项里的"零件设计"，弹出"输入零件名称"对话框，输入名称，单击"确认"，进入"零件设计"工作台。

（2）创建旋转体 1

定义旋转体，如图 4.53 所示。

步骤 1：选择命令。单击"基于草图特征"工具栏中的"旋转体"按钮 。

步骤 2：添加截图草图。在旋转体对话框点击草图按钮 ，选取"YZ 平面"为草图平面，进入草绘工作台；在草绘工作台中绘制如图 4.54 所示（曲线用样条线画，直线用轮廓，最后进行点的相合，约束）的草图 1；单击退出按钮 ，退出草绘工作台。

步骤 3：定义旋转角度。在限制区的 第一角度: 文本框中输入 360。

步骤 4：定义第一旋转轴。在轴线区域的选择文本框中右击，在弹出的快捷菜单中选择 Z 轴为回转轴。

步骤 5：单击"确定"，旋转体 1 创建完成。

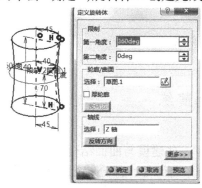

图 4.53　定义旋转体

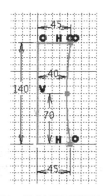

图 4.54　绘制草图并添加约束

（3）添加凸台 1

单击草图按钮 ，选择草图 4.55 的下表面为草图平面，以原点为圆心，直径为 80；绘制草图如图4.56所示,得到草图 2;退出工作台,单击"基于草图特征"工具栏中的"凸台"按钮 ⤵,在第一限制区域的<u>类型</u>:下拉列表中选择尺寸选项;在第一限制区域的长度文本框中输入 5;单击"确定",完成凸台 1 的添加,如图 4.57 所示。

图 4.55　选择模型下表面

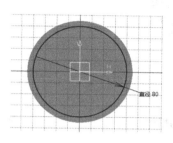

图 4.56　绘制草图并添加约束

图 4.57　定义凸台

（4）添加凸台 2

单击"凸台 1 上表面"后单击草图按钮 ⬚,进入绘图工作台。以原点为圆心、直径为 95 绘制草图如图 4.58 所示,得到草图 3;退出工作台,单击""凸台"",在第一限制区域的<u>类型</u>:下拉列表中选择尺寸选项,在第一限制区域的长度文本框中输入 20;单击"确定",完成凸台 2 的添加,如图 4.59 所示。

（5）添加倒圆角 1

单击倒圆角按钮,选取图 4.55 下表面的边线为倒圆角对象,圆角半径为 4。单击"确定"得到倒圆角 1,如图 4.60 所示。

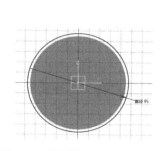

图 4.58　绘制草图并添加约束

图 4.59　定义凸台

图 4.60　倒圆角操作

（6）添加倒圆角 2

单击倒圆角按钮,选取凸台 2 的上下两边线为倒圆角对象,圆角半径为 6。单击"确定"得到倒圆角 2,如图 4.61 所示。

（7）添加倒圆角 3

单击倒圆角按钮,选取凸台 1 的上下两边线为倒圆角对象,圆角半径为 2。单击"确定"得到倒圆角 3,如图 4.62 所示。

（8）添加凸台 3

单击草图按钮 ⬚,选择图 4.63 所示平面为草图平面（上表面）,在平面绘制以原点为圆心、直径为 80 的圆;绘制草图如图 4.64 所示,得到草图 4。退出工作台,单击"基于草图特征"工具栏中的"凸台"按钮 ⤵;在第一限制区域的<u>类型</u>:下拉列表中选择尺寸选项,在第一限制区域的长度文本框中输入 5。单击"确定",完成凸台 3 的添加,如图 4.65 所示。

图 4.61　倒圆角操作

图 4.62　倒圆角操作

图 4.63　选取平面进入草图

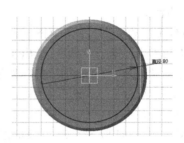

图 4.64　绘制草图并添加约束

（9）创建旋转体 2

单击草图按钮 ，选取"YZ 平面"为草图平面,进入草绘工作台;在草绘工作台中绘制草图如图 4.66 所示(直线用轮廓,曲线是圆心离 Z 轴 15 mm 的圆弧,最后进行点的相合,约束);单击退出按钮 ,退出草绘工作台。单击"基于草图特征"工具栏中的"旋转体"按钮 ,在限制区的 **第一角度:** 文本框中输入 360;在轴线区域的选择文本框中右击,在弹出的快捷菜单中选择 Z 轴为回转轴。单击"确定",旋转体 2 完成创建,如图 4.67 所示。

图 4.65　添加凸台后效果图

图 4.66　绘制草图并添加约束

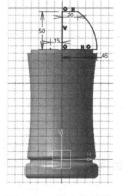

图 4.67　创建旋转体

（10）添加倒圆角 4

单击倒圆角按钮,选取旋转体 2 下边线和为旋转体 1 的上边线为倒圆角对象,圆角半径为 4,单击"确定"得到倒圆角 4,如图 4.68 所示。

（11）添加倒圆角 5

单击倒圆角按钮,选取凸台 3 上下两边线为倒圆角对象,圆角半径为 2。单击"确定"得到倒圆角 5,如图 4.69 所示。

图 4.68　倒圆角　　　　　　　　　　　　图 4.69　倒圆角

（12）添加凸台 4

单击草图按钮 ，选择图 4.70 所示平面为草图平面(瓶顶),在平面随意画一个圆,使其与草图平面相合;绘制草图如图 4.70 所示,得到草图 6。退出工作台,单击"基于草图特征"工具栏中的"凸台"按钮 ;在第一限制区域的 类型: 下拉列表中选择尺寸选项,在第一限制区域的长度文本框中输入 25。单击"确定",完成凸台 4 的添加,如图 4.71 所示。

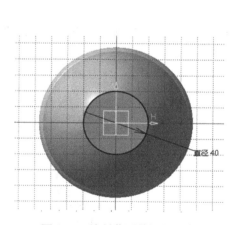

图 4.70　绘制草图并添加约束　　　　　图 4.71　定义凸台

（13）添加倒圆角 6

单击倒圆角按钮,选取凸台 4 下边线为倒圆角对象,圆角半径为 8。单击"确定"得到倒圆角 6,如图 4.72 所示。

（14）切换工作台

将工作台切换到创外形设计。

（15）添加提取 1

步骤 1：选择命令。单击"操作"中的提取图标 。

步骤 2：定义拓展类型。选择"提取定义框"的 拓展类型：无拓展 。

步骤 3：定义提取元素。选择如图 4.73 所示的面为提取元素。

步骤 4：单击"确定"，完成提取 1 的添加。

图 4.72　倒圆角　　　　　　　　　　图 4.73　提取曲面

（16）添加平面 1

单击"线框"中的平面图标 ⬠，在"定义平面"对话框的平面类型中选择偏移平面，选择"YZ 平面"为参考平面；偏移文本框输入 50，采用系统默认的偏移方向。单击"确定"，完成平面 1 的添加，如图 4.74 所示。

（17）添加草图 7

单击草图按钮 ✎，选择"平面 1"为草图平面，绘制如图 4.75 所示草图。得到草图后，退出工作台。

图 4.74　创建偏移平面

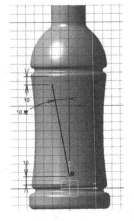

图 4.75　绘制草图并添加约束

（18）添加投影 1

步骤 1：选择命令。单击"线框"中的投影图标 ⬠。

步骤 2：定义投影类型。在"投影定义"对话框的"投影类型"下拉列表中选择 沿某一方向 选项。

步骤 3：定义投影参数。选取"草图 7"为投影元素，选取"提取 1"为支持面；右击方向文本框，选择 X 部件选项，如图 4.76 所示。

步骤 4：单击"确定"，完成投影 1 的添加。

图 4.76　投影草图至提取曲面

图 4.77　绘制草图并添加约束

（19）添加草图 8

单击草图按钮 ，选取"平面 1"为草图平面，绘制如图 4.77 所示的草图，退出工作台后得到如图 4.78 所示的效果。

（20）添加投影 2

单击"线框"中的投影图标 ；在"投影定义"对话框的"投影类型"下拉列表中选择 沿某一方向 选项；选取"草图 8"为投影元素，选取"提取 1"为支持面；右击方向文本框，选择 X 部件选项；单击"确定"，完成投影 2 的添加，如图 4.79 所示。

图 4.78　退出工作台效果图

图 4.79　投影草图至提取曲面

（21）添加直线 1

单击"线框"中直线选项，在"直线定义"对话框的"线型"下拉列表中选取： 点-点 选项；点

1、点 2 如图 4.80 所示(两投影的上面两端点);单击"确定",完成直线 1 的添加。

(22)添加平面 2

单击"线框"中的平面图标 ⟋;在"定义平面"对话框的"平面类型"中选择与平面成一定角度或垂;选取"直线 1"为旋转轴,选择"XY 平面"为参考平面;在角度文本框输入 −30;单击"确定",完成平面 2 的添加,如图 4.81 所示。

图 4.80　创建直线

图 4.81　创建平面

(23)添加草图 9

单击草图按钮 ▱,选取"平面 2"为草图平面,绘制如图 4.82 所示草图(圆弧边两点与直线两端点相合)。

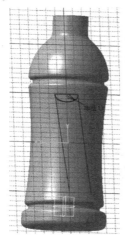

图 4.82　绘制草图并添加约束

图 4.83　退出工作台效果图

(24)添加直线 2

单击"线框"中直线选项,在"直线定义"对话框的"线型"下拉列表选取: 点-点 选项;点 1、点 2 如图 4.84 所示(两投影的下面两端点);单击"确定",完成直线 2 添加。

(25)添加平面 3

单击"线框"中的平面图标 ⟋;在"定义平面"对话框的"平面类型"中选择

与平面成一定角度或垂 ；选取"直线 2"为旋转轴，选择"XY 平面"为参考平面，在角度文本框输入 30；单击"确定"，完成平面 3 的添加，如图 4.85 所示。

（26）添加草图 10

单击草图按钮 ，选取"平面 3"为草图平面；绘制半径 14 的圆弧，圆弧边两点与直线两端点相合，草图如图 4.86 所示。

图 4.84　创建直线

图 4.85　创建平面

（27）添加零件特征——多截面曲面 1

单击"曲面"的多截面曲面图标 ，选取"草图 10"和"草图 9"为截面曲线，选取"项目 1"和"项目 2"为引导线；单击"确定"，完成多截面曲面 1 的添加，如图 4.87 所示。

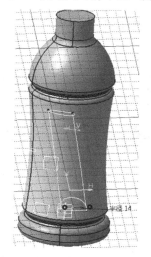

图 4.86　绘制草图并添加约束

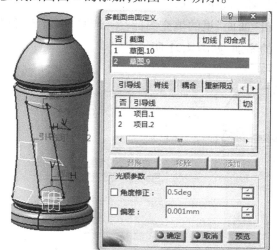

图 4.87　定义多截面实体

（28）添加投影 3

单击"线框"中的投影图标 ；在"投影定义"对话框的"投影类型"下拉列表中选择 沿某一方向 选项；选取"直线 1"为投影元素，选取"提取 1"为支持面；右击方向文本框，选择"X 部件"；单击"确定"，完成投影 3 的添加，如图 4.88 所示。

（29）添加投影 4

单击"线框"中的投影图标 ；在"投影定义"对话框的"投影类型"下拉列表中选择 <u>沿某一方向</u>选项；选取"直线 2"为投影元素，选取"提取 1"为支持面；右击方向文本框，选择"X 部件"；单击"确定"，完成投影 4 的添加，如图 4.89 所示。

图 4.88　投影直线至提取曲面

图 4.89　投影直线至提取曲面

（30）添加零件特征——填充 1

单击"曲面"里的填充图标 ；选取"项目 4"和"草图 10"为填充边界；单击"确定"，完成填充 1 的添加，如图 4.90 所示。

（31）添加零件特征——填充 2

单击"曲面"里的填充图标 ；选取"项目 3"和"草图 9"为填充边界；单击"确定"，完成填充 2 的添加，如图 4.91 所示。

图 4.90　创建填充曲面

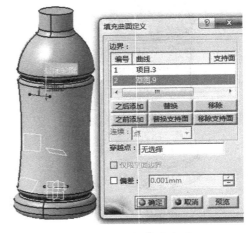

图 4.91　创建填充曲面

（32）添加零件特征——接合 1

单击"操作"里的结合图标 ；选取"填充 1""填充 2"和"多截面曲面 1"为要接合元素；单击"确定"，完成接合 1 的添加，如图 4.92 所示。

（33）切换工作台

将工作台切换到"零件设计"。

（34）添加零件特征——分割 1

单击"基于曲面的特征"里的分割图标 ；选取"接合 1"为要分割元素；单击"确定"，完成分割 1 的添加，如图 4.93 所示。

（35）切换工作台

将工作台切换到"创成式外形设计"。

（36）添加零件特征——圆形阵列 1

步骤 1：选择命令。单击"变换特征"里的圆形阵列图标 。

步骤 2：选择阵列对象。在特征树中选取"接合 1"为阵列对象。

步骤 3：定义阵列参数。在轴向参考选项卡选择参数：实例和角度间距 选项；在实例文本框中输入 6；在角度间距文本框中输入 60。

步骤 4：定义参考方向。右击参考元素区域内的参考元素：文本框，选 Z 轴选项。

步骤 5：单击"确定"，完成圆形阵列 1 的添加，如图 4.94 所示。

图 4.92　接合多个元素

图 4.93　创建分割元素　　　　图 4.94　定义圆形阵列

（37）再次切换工作台

将工作台切换到"零件设计"。

（38）添加零件特征——分割 2

单击"基于曲面的特征"里的分割图标 ；选取"圆形阵列 1"为要分割元素；单击"确

定"，完成分割 2 的添加，如图 4.95 所示。

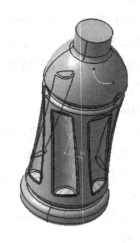

图 4.95　创建分割元素

（39）添加倒圆角 7

选取图 4.96 所示的边线为倒圆角对象，圆角半径值为 2。

（40）添加倒圆角 8

选取图 4.97 所示的边线为倒圆角对象，圆角半径值为 2。

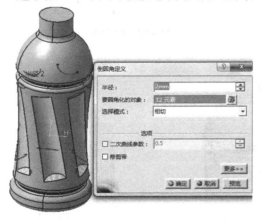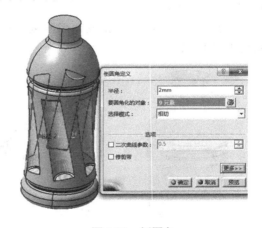

图 4.96　倒圆角　　　　　　　　　　　　图 4.97　倒圆角

（41）添加零件特征——凹槽 1

单击"基于草图特征"里的凹槽图标；选取瓶底做草图平面；绘制如图 4.98 所示的截图草图（仰视图状态）；选择类型：尺寸 选项，在深度：文本框中输入 4；单击"确定"，完成凹槽 1 的添加，如图 4.99 所示。

（42）添加倒圆角 9

选取凹槽最表面的两边线为倒圆角对象，圆角半径值为 3，如图 4.100 所示。

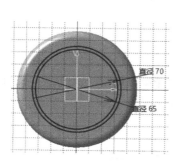

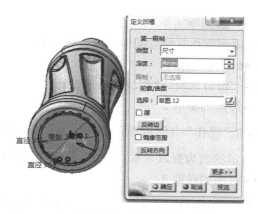

图 4.98　绘制草图并添加约束

图 4.99　定义凹槽

（43）添加倒圆角 10

选取凹槽最里面的两边线（凹槽最底两边线）为倒圆角对象，圆角半径值为 2，如图 4.101 所示。

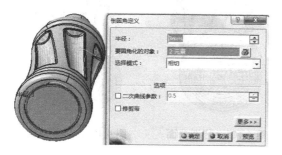

图 4.100　倒圆角

图 4.101　倒圆角

（44）添加零件特征——旋转槽 1

单击"基于草图特征"里的旋转槽图标🗔；选取"YZ 平面"为草图平面；绘制图 4.102 所示的草图 13；在限制区域的第一角度：文本框输入 360；激活轴线区域的选择：文本框并右击，在弹出快捷菜单中选择 Z 轴为回转轴；单击"确定"，完成旋转槽 1 的添加，如图 4.103 所示。

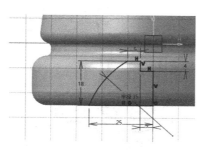

图 4.102　绘制草图并添加约束

图 4.103　定义旋转槽

（45）添加倒圆角 11

选取倒圆角 9 最靠瓶中心的边线为倒圆角对象，圆角半径为 4，如图 4.104 所示。

（46）切换工作台

将工作台切换到"创成式外形设计"。

（47）添加提取 2

单击"操作"中的提取图标⬡；在"提取定义框"中选择│拓展类型:│无拓展 。选择如图 4.105所示的面为提取元素。单击"确定"，完成提取曲面 2 的添加。

（48）添加提取 3

单击"操作"中的提取图标⬡；在"提取定义框"中选择│拓展类型:│无拓展 。选择如图 4.106所示的面为提取元素。单击"确定"，完成提取曲面 2 的添加。

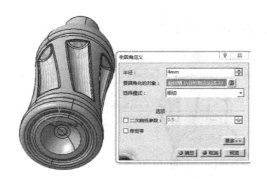

图 4.104　倒圆角

图 4.105　提取曲面

图 4.106　提取曲面

（49）进入零件设计工作台添加零件特征——盒体 1

单击"修饰特征"里的盒体图标✎；选取如图 4.107（a）所示的面为要移除的面（瓶顶）；在默认内侧厚度：文本框输入 1，默认外侧厚度：文本框输入 0，单击"确定"，完成盒体 1 的添加，如图 4.107（b）所示。

（a）选取移除面　（b）创建盒体

图 4.107　选取移除面和创建盒体

图 4.108　创建相交

（50）切换工作台

将工作台切换到"创成式外形设计"。

（51）添加相交 1

步骤 1：选择命令。单击"线框"里的相交图标 ⚡。

步骤 2：定义相交元素。选取"ZX 平面"为第一要素，选取图 4.108 所示倒圆角 6 的上边线为第二要素。

步骤 3：单击"确定"，然后在弹出的"多重结果管理"对话框中选择 **保留所有子元素** 单选项；单击"确定"，完成相交 1 的添加。

（52）添加提取 4

单击"操作"中的提取图标 ⬡ ；在"提取定义框"中选择| 拓展类型 :|无拓展 ，再选择如图 4.109所示的点（相交线 1 的 X 轴正向上的一点）为提取元素。单击"确定"，完成提取元素 4 的添加。

（53）添加点 1

步骤 1：选择命令。单击"线框"里的点图标 ▪ 。

步骤 2：定义点类型。在"点定义"对话框的"点类型"下拉列表中选择 曲面上 选项。

步骤 3：定义点的参数。选取图 4.111 所示的面（凸台被倒圆角后所留下没被倒圆角的面）为基准曲面；右击方向文本框，在弹出来的快捷菜单中选择 Z 部件选项，在 距离: 文本框中输入 3；在 点: 文本框中选取"提取 4"为参考点。

步骤 4：单击"确定"，完成点 1 的添加。

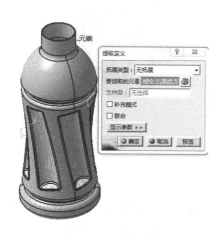

图 4.109　提取元素　　　图 4.110　点定义后的效果图

图 4.111　点定义

（54）添加草图 14

单击按钮 ⬚，选择"ZX 平面"为草图平面，绘制如图 4.113 所示草图。得到草图后，退出工作台。

（55）添加螺旋线 1

步骤 1：选择命令。单击"线框"里的螺旋线图标 ✐。

步骤 2：定义螺旋线的参数。选取图点 1 为起点；右击轴文本框，在弹出来的快捷菜单中选择 Z 轴选项；在 类型 螺距 文本框中输入 5，在 高度：文本框输入 15，方向：文本框选择逆时针；在 半径变化 区域里的轮廓文本框中选取"草图 14"为轮廓线。

步骤 3：单击"确定"，完成螺旋线 1 的添加，如图 4.114 所示。

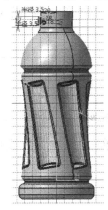

图 4.112　效果图

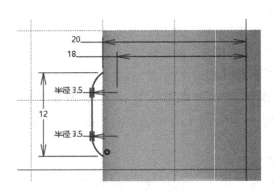

图 4.113　绘制草图并约束

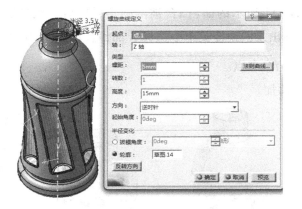

图 4.114　创建螺旋曲线

（56）切换工作台

将工作台切换到"零件设计"。

（57）添加零件特征——肋 1

单击草图图标，选取"ZX 平面"为草图平面，绘制如图 4.115 所示的草图 15 为肋的轮廓（右视图的状态），退出工作台。单击"基于曲面的特征"里的肋图标；选取"螺旋线 1"为中心曲线；在 控制轮廓 下拉列表选取拔模方向选项，右击选择文本框，在弹出的快捷菜单中选择 Z 轴；单击"确定"，完成肋 1 的添加，如图 4.116 所示。

（58）添加零件特征——凹槽 2

单击"基于草图特征"里的凹槽；选取"XY 平面"为草图平面，绘制如图 4.117 所示的草图 16（仰视图状态，让画的圆与瓶顶的最上边线相合）；选择 类型：直到最后 选项，单击 反转方向，单击"确定"，完成凹槽 2 的添加，如图 4.118 所示。

（59）保存零件模型

至此,瓶子实体模型创建完成,保存零件模型。

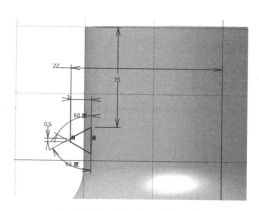

图 4.115　绘制草图并约束

图 4.116　创建肋

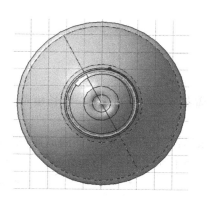

图 4.117　绘制草图

图 4.118　创建凹槽

本章小结

　　本章主要介绍了点、线、面的创建。强大的曲面功能是 CATIA 的主要优点之一,在 CATIA
中,曲面都是由线框支撑的。通过本章的学习,读者应能熟练掌握 CATIA 中线框设计的功能
和方法,以便于设计出更美观、复杂的曲面。

第 **5** 章

创成式外形设计——曲面设计

5.1 曲面设计

5.1.1 拉伸

1)概述

"拉伸"是通过将曲线、直线、曲面的边线沿着指定的方向拉伸一定长度而形成曲面的命令。

单击"曲面"工具栏的"拉伸"命令图标,弹出如图 5.1 所示的"拉伸曲面定义"对话框,选择拉伸曲面,设置拉伸参数后,单击"确定"按钮,系统自动完成拉伸曲面创建。

图 5.1 "拉伸曲面定义"对话框

- 轮廓:选择将要进行拉伸的曲线、直线或曲面的边缘。
- 方向:定义拉伸的方向。

● 拉伸限制:在指定的拉伸方向上定义的拉伸长度或拉伸达到指定的限制元素为止。

单击"类型"下拉列表,可以选择"尺寸"和"直到元素"两种类型。尺寸:在指定的拉伸方向上定义长度。直到元素:将拉伸的曲线、直线、曲面边线拉伸到所指定的限制面为止。

● 镜像范围:在指定的拉伸方向的另一侧拉伸同样长度、形状的曲面。该选项在后续命令不再赘述。

● 反转方向:将指定的两个方向的拉伸长度相互调换,该选项在后续命令不再赘述。

2)示例:将曲线拉伸成曲面

步骤 1:创建任意曲线,如图 5.2 所示。

步骤 2:单击"拉伸"命令图标,在"拉伸曲面定义"对话框中单击"轮廓"选项,选择图 5.2 中的曲线。

步骤 3:选择曲线后会观察到"方向"选项会自动选择"默认(草图法线)",也可用鼠标右键单击"方向"选项,定义拉伸的方向。在这里,"方向"选择为"默认(草图曲线)"。

步骤 4:在"拉伸限制"中"限制 1"的"尺寸"文本框中输入数值,本例取"50 mm"。

步骤 5:在"限制 2"的"尺寸"文本框中输入数值,本例取"20 mm"。

步骤 6:单击"预览"按钮,观察"拉伸曲面定义"对话框设置及效果。确认无误后单击"确定"按钮,完成拉伸曲面的创建,如图 5.3 所示。

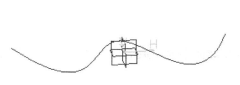

图 5.2　创建任意曲线

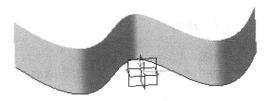

图 5.3　拉伸曲面

5.1.2　旋转

1)概述

"旋转"是通过将草图或曲线围绕指定的轴线旋转从而形成旋转曲面的命令。

单击"曲面"工具栏的"旋转"命令图标 ✿,弹出如图 5.4 所示的"旋转曲面定义"对话框,选择旋转曲面,设置旋转参数后,单击"确定"按钮,系统自动完成旋转曲面创建。

● 轮廓:选择要进行旋转的草图或曲线。

● 旋转轴:定义旋转的草图或曲线的轴线。若所绘制的草图中包含轴线,则系统自动选择该轴线为旋转轴。

● 角限制:定义围绕旋转轴进行旋转的旋转角度。角限制中的角度 1 和角度 2,是以所画的草图或曲线为基准进行顺时针和逆时针的旋转。也可在作图过程中在角度 1 中输入角度值,角度 2 中输入 0°来进行旋转。

图 5.4　"旋转曲面定义"对话框

2）示例：将选择的曲线绕轴线创建旋转平面

步骤 1：创建一条如图 5.5 所示的曲线。

步骤 2：单击"曲面"工具栏中的"旋转"命令图标，单击"轮廓"选项选择图 5.5 中的曲线。

步骤 3：鼠标右键单击"旋转轴"选项，选择旋转轴。这里选择 X 轴。

步骤 4：单击"角限制"中的"角度 1"文本框，输入角度值，本例取"360°"，在"角度 2"文本框输入角度值，本例取"0°"。

步骤 5：单击"预览"按钮，观察如图 5.6 所示的"旋转曲面定义"对话框设置及预览效果，确认无误后单击"确定"按钮，完成旋转曲面的创建。

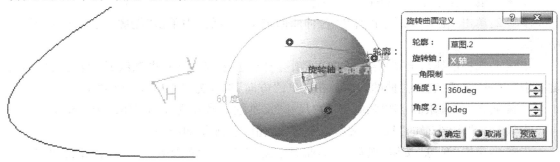

图 5.5 创建曲线   图 5.6 创建旋转曲面

5.1.3 球面

1）概述

"球面"通过选择任意一点作为球面的中心点，定义球面半径生成的完整球面或生成指定经纬角度的不完整球面。

单击"曲面"工具栏的"球面"命令图标，弹出"球面曲面定义"对话框，如图 5.7 所示。选择一点作为球心，输入球心半径，设置经纬线角度后单击"确定"按钮，系统自动完成球面曲面创建。

● 中心：定义球面中心，可在作图前生成该点，也可右击"中心"选项，在如图 5.8 所示的快捷菜单中选择"创建点"或其他方法创建中心点。

图 5.7 "球面曲面定义"对话框   图 5.8 快捷菜单

● **球面轴线**：定义所创建的球面的中心轴线，如所作球面没有特殊要求，该选项为默认，不用改变。

● **球面半径**：定义球面的半径。

● **球面限制**：该选项有两个命令按钮 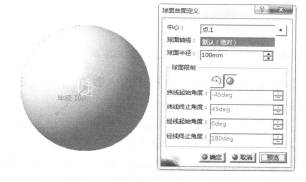，左图标为"通过指定角度创建球面"，即根据输入的角度值可以生成不完整球面，也可为完整球面。右图标为"创建完整球面"，即无须定义角度，直接创建出完整曲面。

2）示例：通过定义的点创建球形曲面

步骤 1：单击"曲面"工具栏中的"球面"命令图标，在弹出的"球面曲面定义"对话框中用鼠标右键单击"中心"选项，在弹出的如图 5.8 所示的快捷菜单中选择"创建点"选项，弹出如图 5.9 所示的"点定义"对话框，在 X、Y、Z 三个文本框中输入数值，本例均取"0 mm"。单击"确定"按钮，则创建出球面的中心点坐标为(0,0,0)。

步骤 2："球面轴线"为"默认（绝对）"选项，本例不作改变。

步骤 3：在"球面半径"文本框输入数值，本例取"100 mm"。

步骤 4：选择"球面限制"→"创建完成球面"。

步骤 5：单击"预览"按钮，观察如图 5.10 所示的球面曲面定义对话框设置及预览效果，确认无误后单击"确定"按钮，完成球面的创建。

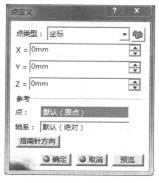

图 5.9　"点定义"对话框

图 5.10　"球面曲面定义"对话框设置及预览

5.1.4　圆柱面

1）概述

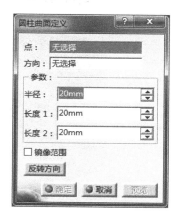

"圆柱面"选择任意一点作为圆柱曲面中心轴线上的点，通过指定拉伸方向，限定圆柱曲面半径和拉伸长度，生成圆柱曲面。

单击"曲面"工具栏的"圆柱面"命令图标，弹出如图 5.11 所示的"圆柱曲面定义"对话框。选择一点作为柱面轴线点，选择直线作为轴线，设置半径和长度后单击"确定"按钮，系统自动生成圆柱曲面。

①点：选择或创建一点作为圆柱面中心轴线上的一点。

②方向：定义圆柱曲面的中心轴线方向。

③参数：选项中包括"半径""长度 1""长度 2"3 个选项。

图 5.11　"圆柱曲面定义"对话框

- 半径:定义圆柱曲面底面圆的半径大小。
- 长度1:以指定的中心轴线上的点为基准,在中心轴线的一个方向上拉伸的长度。
- 长度2:以指定的中心轴线上的点为基准,在与"长度1"指定拉伸方向相反的方向上拉伸的长度。

2) 示例:创建圆柱面

步骤1:单击"曲面"工具栏中的"圆柱面"命令图标,在"圆柱曲面定义"对话框中用鼠标右键单击"点"选项,弹出如图5.12所示的菜单,单击"创建点"选项,弹出"点定义"对话框,如图5.13所示。

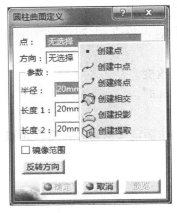

图5.12 "圆柱曲面定义"点定义菜单

图5.13 "点定义"对话框

步骤2:在X、Y、Z文本框中输入数值,本例均取"0"。单击"确定"按钮,则生成的点的坐标为(0,0,0)。

步骤3:单击"方向"选项,该方向可自行定义,本例选择Z轴为圆柱面的拉伸方向。

步骤4:单击"参数"选项中的"半径"文本框,在文本框中输入数值,本例取"40 mm"。

步骤5:单击"长度1"文本框,在文本框中输入数值,本例取"20 mm"。单击"长度2"文本框,在文本框中输入数值,本例取"40 mm"。

步骤6:单击"预览"按钮,观察如图5.14所示的圆柱曲面定义对话框设置及预览效果,确认无误后单击"确认"按钮,完成圆柱曲面的创建。

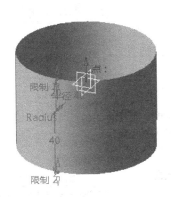

图5.14 "圆柱曲面定义"对话框设置及预览效果

5.1.5　偏移曲面

1）概述

"偏移"是将选定的单一的曲面按照指定方向偏移一定距离后生成的曲面。

单击"曲面"工具栏中的"偏移"命令图标，弹出如图5.15 所示的"偏移曲面定义"对话框。该对话框包括"曲面""偏移""参数"和"要移除的子元素"。

- 曲面：选择进行偏移的曲面。
- 偏移：定义在偏移方向上的偏移量。
- 参数：用于改变偏移曲面的质量。"参数"选项中的"光顺"用于定义偏移曲面质量的类型，包括"无""自动""手动"三种类型。只有当"光顺"选为"手动"时，才能改变最大偏差值。

图 5.15　创建偏移曲面

- 要移除的子元素：将指定的偏移子元素从偏移元素中移除。

2）示例：偏移定义曲面

步骤 1：创建如图 5.16 所示的曲面。

步骤 2：单击"曲面"工具栏中的"偏移"命令图标，在弹出的"偏移曲面定义"对话框中单击"曲面"选项，选择图 5.16 中的曲面。

步骤 3：在"偏移"文本框中输入数值，本例取"10 mm"。

步骤 4：单击"要移除元素"选项卡，选择将要进行偏移的曲面的任意一个面。

步骤 5：单击"预览"按钮，观察如图 5.17 所示的"偏移曲面定义"对话框设置及预览效果，确认无误后单击"确定"按钮，完成偏移曲面的创建。

图 5.16　选择待偏移曲面

图 5.17　创建偏移曲面

5.1.6 可变偏移

1）概述

"可变偏移"用于将一组曲面按照不同的偏移距离进行偏移而产生新的偏移曲面。

单击"曲面"工具栏中"可变偏移"命令图标 ，弹出如图 5.18 所示的"可变偏移定义"对话框。该对话框包括"基数面""参数""要移除的子元素"。

图 5.18 "可变偏移定义"对话框

● 基准面：选择整体要偏移的曲面。

● 参数：选择要偏移曲面中的一个或几个子元素，并且可定义每个子元素相对于基曲面的偏移距离。

● 要移除的子元素：选择要移除的子元素。

2）示例：对定义的曲面进行可变偏移

步骤 1：创建如图 5.19 所示的曲面。

图 5.19 曲面　　　　　**图 5.20 提取元素**

步骤 2：单击"操作"工具栏的"提取"，分别提取 3 个平面，如图 5.20 所示。

步骤 3：单击"可变偏移"命令图标，选择图 5.19 所示的平面作为"基曲面"。

步骤 4：选择第 2 步提取的 3 个平面作为可偏移的偏移元素，如图 5.21 所示。

步骤 5：在参数选项中分别单击选定偏移曲面可以设定其相对于整体曲面的偏移距离，设置的偏移距离可以不同，如图 5.22 所示。

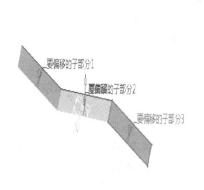

图 5.21　选取偏移元素

图 5.22　创建可变偏移

步骤 6：单击"预览"按钮，观察如图 5.23 所示的预览效果，确认无误后单击"确定"按钮，完成可变偏移曲面的创建。

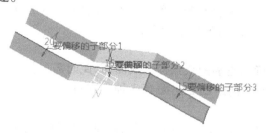

图 5.23　可偏移曲面效果图

5.1.7　粗略偏移

1）概述

"粗略偏移"是对选定的曲面进行大致的偏移，创建出的偏移曲面和原曲面近似。

单击"曲面"工具栏"偏移"下拉菜单中的"粗略偏移"命令图标，弹出如图 5.24 所示的"粗略偏移曲面定义"对话框。该对话框包括"曲面""偏移"和"偏差"。

● 曲面：选择要进行偏移的曲面。

● 偏移：创建的偏移曲面相对于原曲面的偏移量。

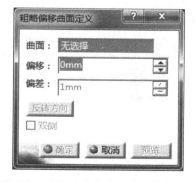

图 5.24　"粗略偏移曲面定义"对话框

● 偏差：偏移平面的变形值。偏差值必须大于 1 且小于曲面的偏移值，偏移值越大，则创建的偏移曲面变形越大。

2）示例：将定义曲面粗略偏移

步骤 1：创建任意曲面，如图 5.25 所示。

步骤 2：单击"曲面工具栏的"粗略偏移命令图标，在弹出的对话框中单击"曲面选项"，选择图 5.25 所示的曲面。

步骤 3：单击"偏移"文本框，输入偏移值，本例取"20 mm"。

步骤 4：单击"偏差"文本框，输入偏差值，本例取"5 mm"。

图 5.25　创建任意曲面　　　　图 5.26　"粗略偏移曲面定义"对话框设置及预览效果

步骤 5：单击"预览"按钮，观察如图 5.26 所示的"粗略偏移曲面定义"对话框设置及预览效果，确认无误后单击"确定"按钮，完成粗略偏移曲面的创建。在图中，可观察到所创造出的粗略偏移曲面明显比原曲面宽，输入的偏差值越大，效果越明显。

5.1.8　扫掠曲面

"扫掠曲面"是指将一个轮廓沿着一条（或多条）引导线生成曲面，截面线可以是已有的任意曲线，也可以是规则曲线，如直线、圆弧等。

1）显式扫掠

"显式扫掠"利用精确的轮廓曲线扫掠形成曲面，此时需要指定明确的曲线作为扫掠轮廓及一条或两条引导线。显式扫掠创建曲面有 3 种方式：使用参考曲面、使用两条引导曲线和使用拔模方向等。

使用参考曲面：单击"曲面"工具栏中的"扫掠"命令图标，弹出如图 5.27 所示的"扫掠曲面定义"对话框。该对话框中包括"轮廓类型""子类型""轮廓"等选项。

● 轮廓类型：定义扫掠的轮廓类型，其中包括"显式扫掠""直线扫掠""圆形扫掠"和"二次曲面扫掠"。

● 子类型：在指定的"轮廓类型"下定义更细致的扫掠方式，其中包括"使用参考曲面""使用两条引导线"和"使用拔模方向"三种类型，如图 5.28 所示。

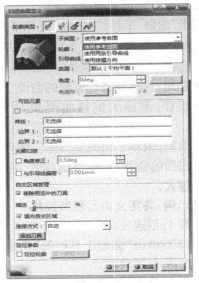

图 5.27　"扫掠曲面定义"对话框　　　　图 5.28　"扫掠曲面定义"子类型菜单

- 轮廓:定义扫掠曲面的轮廓曲线。
- 引导曲线:作为轮廓曲线的扫掠路径,为轮廓曲线提供扫掠方向的曲线。
- 曲面:扫掠曲面的参考平面。
- 脊线:控制曲面形态的曲线,扫掠曲面的任一截面均与脊线垂直。形态默认脊线为用户选择的第一条引导曲线,也可根据需要定义其他曲线作为脊线。
- 光顺扫掠:对扫掠曲面的光顺性进行处理。在创建扫掠曲面时,有时会出现引导曲面不连续的情况,从而导致创建的扫掠曲面不连续,此时系统会对创建的扫掠曲面进行自动修正以保证所创建的扫掠曲面内部连续。
- 自交区域管理:对在扫掠过程中出现的自相交区域进行处理。
- 定义轮廓:若选中此选项,读者可以自定义轮廓参数。

(1)示例 1:使用参考曲面创建扫掠曲面

在创建显式扫掠曲面时,可以定义轮廓线与某一参考平面保持一定角度。

步骤 1:创建如图 5.29 所示的曲线。

步骤 2:单击"扫掠"命令图标,在弹出的对话框中单击"轮廓"和"引导曲线",如图 5.30 所示,其余均为默认。

图 5.29　创建曲面

图 5.30　"扫掠曲面定义"对话框

步骤 3:单击"预览"按钮,观察如图 5.31 所示预览效果,确认无误后单击"确定"按钮。

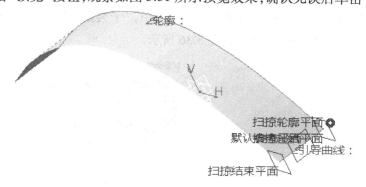

图 5.31　扫掠曲面效果图

（2）示例2：使用两条引导线创建曲面

步骤1：创建如图5.32所示的曲线。

步骤2：单击"扫掠"命令图标，在弹出的对话框中，"子类型"选择"使用两条引导曲线"，"轮廓""引导曲线"的选择如图5.33所示。

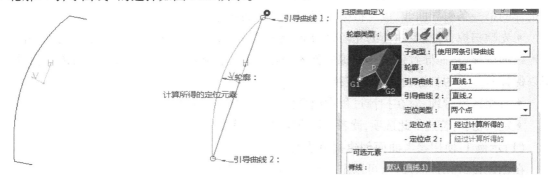

图5.32　创建曲线　　　　　　　　　　　　　　图5.33　扫掠曲面定义

步骤3：单击"预览"按钮，观察如图5.34所示预览效果，确认无误后单击"确定"按钮。

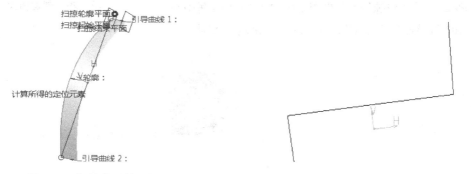

图5.34　扫掠曲面效果图　　　　　　　　　　　图5.35　创建曲线

（3）示例3：使用拔模方向创建曲面

步骤1：创建如图5.35所示的曲线。

步骤2：单击"扫掠"命令图标，在弹出的对话框中，"子类型"选择"使用拔模方向"。"轮廓""引导曲线""方向""角度"的选择如图5.36所示。

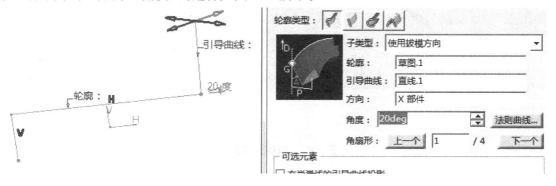

图5.36　定义扫掠曲面

步骤 3：单击"预览"按钮，观察如图 5.37 所示预览效果，确认无误后单击"确定"按钮。

2）直线扫掠

"直线扫掠"是指利用线性方式扫描直纹面，系统自动以直线作为轮廓线，所以只需要定义两条引导线。直线扫掠创建扫掠曲面有 7 种方式，包括"两极限""极限和中间""使用参考曲面""使用参考曲线""使用切面""使用拔模方向"和"使用双切面"，如图 5.38 所示。

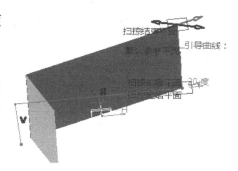

图 5.37　扫掠曲面效果图

图 5.38　创建直线扫掠

（1）示例 1：使用两极限创建扫掠平面

"两极限"是指通过定义曲面边界参照扫掠出曲面，该曲面边界是通过选取两条曲线定义的。其中，"长度 1"和"长度 2"用于设置创建的曲面在参考元素两侧延伸的距离。

步骤 1：创建如图 5.39 所示的曲线。

步骤 2：单击"扫掠"命令图标，在弹出的对话框中选择"直线扫掠"，"子类型"选择"两极限"。"引导曲线 1""引导曲线 2"的选择如图 5.40 所示，其余均为默认。

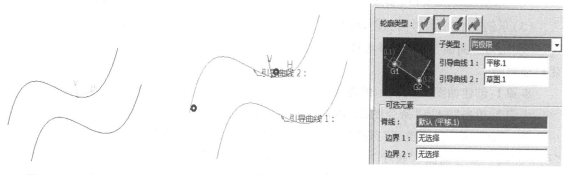

图 5.39　创建曲线

图 5.40　定义直线扫掠

步骤3：单击"预览"按钮，观察如图5.41所示预览效果，确认无误后单击"确定"按钮。

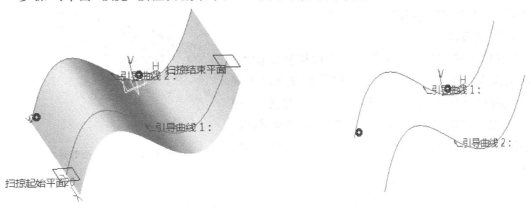

图5.41　直线扫掠效果图　　　　　　　　　　　图5.42　创建曲线

（2）示例2：使用极限和中间创建曲面

"极限和中间"需要两条引导线，系统将第二条引导线作为扫描曲面的中间曲线。

步骤1：创建如图5.42所示的曲线。

步骤2：单击"扫掠"命令图标，在弹出的对话框中选择"直线扫掠"，"子类型"选择"极限和中间"。"引导曲线1""引导曲线2"的选择如图5.43所示，其余均为默认。

步骤3：单击"预览"按钮，观察如图5.44所示预览效果，确认无误后单击"确定"按钮。

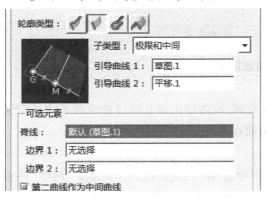

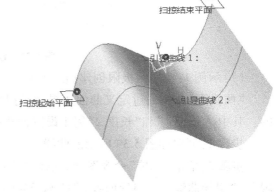

图5.43　定义扫掠类型　　　　　　　　　　　图5.44　扫掠后效果图

（3）示例3：使用参考曲面创建曲面

"使用参考曲面"是利用参考曲面及引导曲线创建扫描曲面。

步骤1：创建如图5.45所示的曲线。

步骤2：单击"扫掠"命令图标，在弹出的对话框中选择"直线扫掠"，"子类型"选择"使用参考曲面"。

图5.45　创建曲线

"引导曲线""参考曲面""长度1"的选择如图5.46所示，其余均为默认。

步骤3：单击"预览"按钮，观察如图5.47所示预览效果，确认无误后单击"确定"按钮。

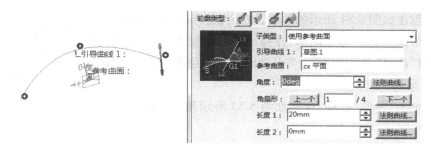

图 5.46　定义扫掠类型

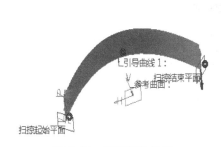

图 5.47　扫掠后效果图

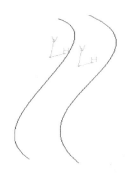

图 5.48　创建曲线

（4）示例 4：使用参考曲线创建曲面

"使用参考曲线"是指利用一条引导曲线和一条参考曲线创建扫掠曲面，新建的曲面以引导曲线为起点沿参考曲线向两边延伸。

步骤 1：创建如图 5.48 所示的曲线。

步骤 2：单击"扫掠"命令图标，在弹出的对话框中选择"直线扫掠"，"子类型"选择"使用参考曲线"。"引导曲线 1""参考曲线""角度"的选择如图 5.49 所示，其余均为默认。

步骤 3：单击"预览"按钮，观察如图 5.50 所示预览效果，确认无误后单击"确定"按钮。

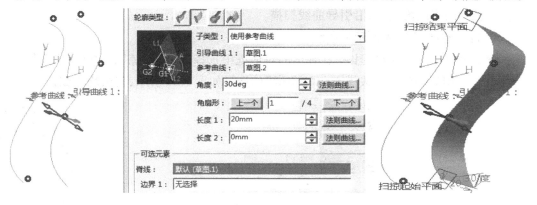

图 5.49　定义扫掠类型

图 5.50　扫掠后效果图

（5）示例 5：使用切面创建曲面

"使用切面"以一条曲线当作扫描曲面的引导曲线，新建扫描曲面以引导曲线为起点，与参与曲面相切，可使用脊线控制扫描面以决定新建曲面的前后高度。

步骤 1：创建如图 5.51 所示的曲线，该处为特殊曲线即直线。

步骤 2：单击"扫掠"命令图标，在弹出的对话框中选择"直线扫掠"，"子类型"选择"使用切面"。"引导曲线 1""切面"的选择如图 5.52 所示，其余均为默认。

步骤 3：单击"预览"按钮，观察如图 5.53 所示预览，确认无误后单击"确定"按钮。

图 5.51　创建曲线

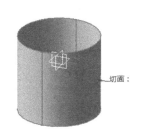

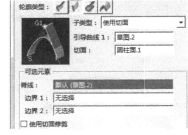

图 5.52　定义扫掠类型

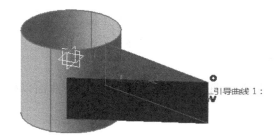

图 5.53　扫掠后效果图

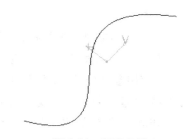

图 5.54　创建曲线

（6）示例 6：使用拔模方向创建曲面

"使用拔模方向"是利用引导曲线和绘图方向创建扫描曲面，新建曲面以绘图方向并在方向上指定长度的直线为轮廓，沿引导曲线扫描。

步骤 1：创建如图 5.54 所示的曲线。

步骤 2：单击"扫掠"命令图标，在弹出的对话框中选择"直线扫掠"，"子类型"选择"使用拔模方向"。"引导曲线 1""拔模方向""角度"的选择如图 5.55 所示，其余均为默认。

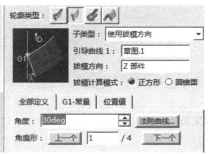

图 5.55　定义扫掠类型

图 5.56　扫掠后效果图

步骤 3：单击"预览"按钮，观察如图 5.56 所示预览效果，确认无误后单击"确定"按钮。

（7）示例 7：使用双切面创建曲面

"使用双切面"是利用两相切曲面创建扫描曲面，新建的曲面与两切面相切。

步骤 1：创建如图 5.57 所示的曲面。

图 5.57　创建曲面

步骤 2：单击"扫掠"命令图标，在弹出的对话框中选择"直线扫掠"，"子类型"选择"使用双切面"。"脊线""第一切面""第二切面"的选择如图 5.58 所示，其余均为默认。

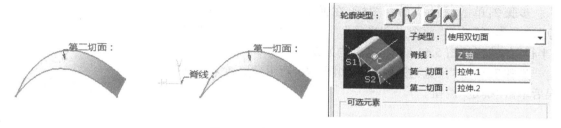

图 5.58　定义扫掠曲面类型

步骤 3：单击"预览"按钮，观察如图 5.59 所示预览效果，确认无误后单击"确定"按钮。

图 5.59　扫掠后效果图

图 5.60　创建曲线

3）圆扫掠

"圆扫掠"是指创建扫掠曲面时，系统自动以圆弧作为轮廓线，只需要定义引导线即可。

（1）示例 1：使用三条引导线创建曲面

"三条引导线"是指利用三条引导线扫掠出圆弧曲面，即在扫描的每一个断面上的轮廓圆弧为三条引导曲线在该断面上的三点确定的圆。

步骤 1：创建如图 5.60 所示的曲线。

步骤 2：单击"扫掠"命令图标，在弹出的对话框中选择"圆扫掠"，"子类型"选择"三条引导线"。"引导曲线 1""引导曲线 2""引导曲线 3"的选择如图 5.61 所示，其余均为默认。

步骤 3：单击"预览"按钮，观察如图 5.62 所示预览效果，确认无误后单击"确定"按钮。

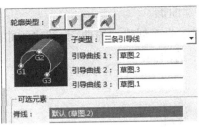

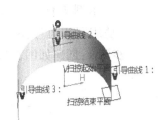

图 5.61 定义扫掠类型

图 5.62 扫掠后效果图

（2）示例 2：使用两个点和半径创建曲面

"两个点和半径"是指利用两点与半径成圆的原理创建扫掠轮廓，再将轮廓扫掠成圆弧曲面。

步骤 1：创建如图 5.63 所示的曲线。

步骤 2：单击"扫掠"命令图标，在弹出的对话框中选择"圆扫掠"，"子类型"选择"两个点和半径"。"引导曲线 1""引导曲线 2""半径"的选择如图 5.64 所示，其余均为默认。

步骤 3：单击"预览"按钮，观察如图 5.65 所示预览效果，确认无误后单击"确定"按钮。

图 5.63 创建曲线

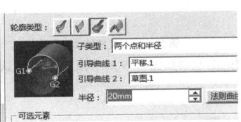

图 5.64 定义扫掠类型

图 5.65 扫掠后效果图

（3）示例 3：使用中心和两个角度创建曲面

"中心和两个角度"是利用中心线和参考曲线创建扫掠曲面，即利用圆心和圆上一点创建圆的原理创建扫掠曲面。

步骤 1：创建如图 5.66 所示的曲线。

步骤 2：单击"扫掠"命令图标，在弹出的对话框中选择"圆扫掠"，"子类型"选择"中心和两个角度"。"中心曲线""参考曲线""角度 1""角度 2"的选择如图 5.67 所示，其余均为默认。

图 5.66 创建曲线

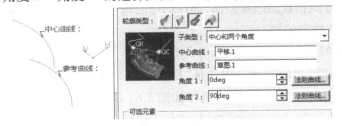

图 5.67 定义扫掠类型

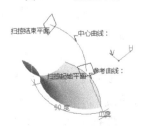

图 5.68 扫掠后效果图

步骤 3：单击"预览"按钮，观察如图 5.68 所示预览效果，确认无误后单击"确定"按钮。

（4）示例 4：使用圆心和半径创建曲面

"圆心和半径"是利用圆心和半径创建扫掠曲面。

步骤 1：创建如图 5.69 所示的曲线。

步骤 2：单击"扫掠"命令图标，在弹出的对话框中选择"圆扫掠"，"子类型"选择"圆心和半径"。"中心曲线""半径"的选择如图 5.70 所示，其余均为默认。

图 5.69　创建曲线

步骤 3：单击"预览"按钮，观察如图 5.71 所示预览效果，确认无误后单击"确定"按钮。

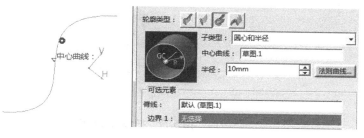

图 5.70　定义扫掠类型

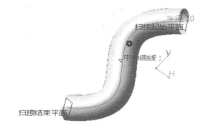

图 5.71　扫掠后效果图

（5）示例 5：使用两条引导线和切面创建曲面

"两条引导线和切面"是指利用两条引导曲线与相切面创建扫掠曲面。

步骤 1：创建如图 5.72 所示的曲面。

步骤 2：单击"扫掠"命令图标，在弹出的对话框中选择"圆扫掠"，"子类型"选择"两条引导线和切面"。"相切的限制曲线""切面""限制曲线"的选择如图 5.73 所示，其余均为默认。

步骤 3：单击"预览"按钮，观察如图 5.74 所示预览效果，确认无误后单击"确定"按钮。

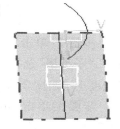

图 5.72　创建曲面

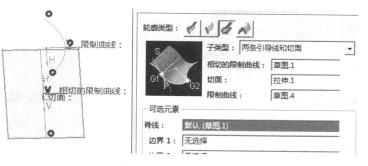

图 5.73　定义扫掠类型

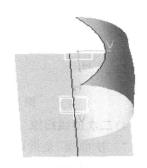

图 5.74　扫掠后效果图

（6）示例 6：使用一条引导线和切面创建曲面

"一条引导线和切面"是指利用一条引导线和一个相切曲面创建扫掠面。该扫掠面经过选定的引导曲线，并与选定的曲面相切。

步骤1：创建如图5.75所示的曲面。

步骤2：单击"扫掠"命令图标，在弹出的对话框中选择"圆扫掠"，"子类型"选择"一条引导线和切面"。"引导曲线1""切面""半径"如图5.76所示。切面有两边相切，其余均为默认。

步骤3：选择所需的那边切面，单击"预览"按钮，观察如图5.77所示预览效果，确认无误后单击"确定"按钮。

图 5.75　创建曲面

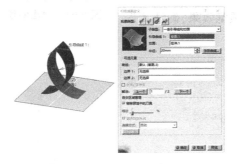

图 5.76　定义扫掠类型

图 5.77　扫掠后效果图

（7）示例7：使用限制曲线和切面创建曲面

"限制曲线和切面"是指利用一条限制曲线与一个相切曲面创建扫掠面。该扫掠面经过选定的限制曲线，与选定的曲面相切。

步骤1：创建如图5.78所示的曲面。

步骤2：单击"扫掠"命令图标，在弹出的对话框中选择"圆扫掠"，"子类型"选择"限制曲线和切面"，"限制曲线""切面""半径""角度1""角度2"如图5.79所示，其余均为默认。

步骤3：单击"预览"按钮，观察如图5.80所示预览效果，确认无误后单击"确定"按钮。

图 5.78　创建曲面

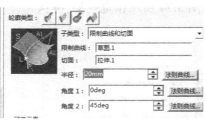

图 5.79　定义扫掠类型

图 5.80　扫掠后效果图

4）二次曲线扫掠

"二次曲线"是指系统自动以二次曲线为轮廓线、沿指定方向延伸而成的曲面。

（1）示例1：使用两条引导曲线创建曲面

"两条引导曲线"是指利用两条引导曲线来创建圆锥曲线为轮廓线的扫掠曲面。

步骤1：创建如图5.81所示的曲面。

图 5.81　创建曲面

步骤 2：单击"扫掠"命令图标，在弹出的对话框中选择"二次曲线"，"子类型"选择"两条引导曲线"。"引导曲线 1""相切""结束引导曲线""角度"如图 5.82 所示，其余均为默认。

步骤 3：单击"预览"按钮，观察如图 5.83 所示预览效果，确认无误后单击"确定"按钮。

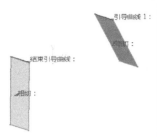
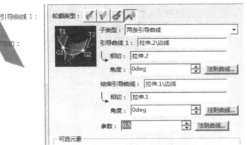
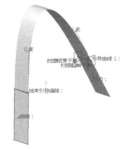

图 5.82　定义扫掠类型　　　　　　　　　　图 5.83　扫掠后效果图

（2）示例 2：使用三条引导曲线创建曲面

"三条引导曲线"是指利用三条引导曲线创建圆锥曲线为轮廓线的扫掠曲面。

步骤 1：创建如图 5.84 所示的曲面。

步骤 2：单击"扫掠"命令图标，在弹出的对话框中选择"二次曲线"，"子类型"选择"三条引导曲线"。"引导曲线 1""相切""引导曲线 2""结束引导曲线""角度"如图 5.85 所示，其余均为默认。

步骤 3：单击"预览"按钮，观察如图 5.86 所示预览效果，确认无误后单击"确定"按钮。

图 5.84　创建曲面

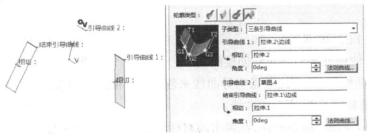

图 5.85　定义扫掠类型

图 5.86　扫掠后效果图　　　　　　图 5.87　创建曲面

（3）示例 3：使用四条引导曲线创建平面

"四条引导曲线"是指利用四条引导曲线来创建圆锥曲线为轮廓线的扫掠曲面。

步骤 1：创建如图 5.87 所示的曲面。

步骤 2：单击"扫掠"命令图标，在弹出的对话框中选择"二次曲线"，"子类型"选择"四条引导曲线"。"引导曲线 1""相切""引导曲线 2""引导曲线 3""结束引导曲线""角度"如图 5.88 所示，其余均为默认。

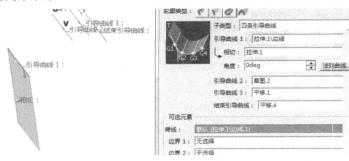

图 5.88　定义扫掠类型

步骤 3：单击"预览"按钮，观察如图 5.89 所示预览效果，确认无误后单击"确定"按钮。

图 5.89　扫掠后效果图　　　　　　　　　　　　　图 5.90　创建曲线

（4）示例 4：使用五条引导曲线创建曲面

"五条引导曲线"是指利用五条引导曲线来创建圆锥曲线为轮廓线的扫掠曲面。

步骤 1：创建如图 5.90 所示的曲线。

步骤 2：单击"扫掠"命令图标，在弹出的对话框中选择"二次曲线"，"子类型"选择"五条引导曲线"。"引导曲线 1""引导曲线 2""引导曲线 3""引导曲线 4""结束引导曲线"如图 5.91 所示，其余均为默认。

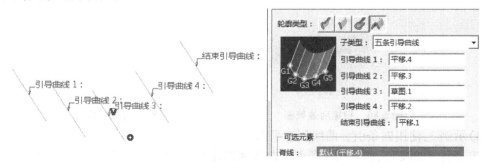

图 5.91　定义扫掠类型

步骤 3：单击"预览"按钮，观察如图 5.92 所示预览效果，确认无误后单击"确定"按钮。

5.1.9　适应性扫掠

示例：使用适应性扫掠创建曲面。

"适应性扫掠"可以更改扫掠过程中指定位置截面的截面参数。

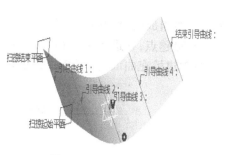

图 5.92　扫掠后效果图

步骤 1：创建如图 5.93 所示曲线。单击"曲面"工具栏的"适应性扫掠"命令图标，弹出的对话框如 5.94 所示。

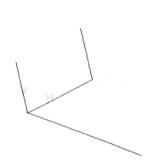

图 5.93　创建曲线

图 5.94　"适应性扫掠定义"对话框

步骤 2：在弹出的对话框中，"引导曲线""脊线""参考曲面""草图""偏差"的设置如图 5.95 所示，其余均为默认。

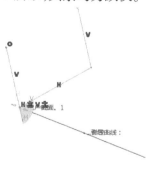

图 5.95　定义适应性扫掠

图 5.96　扫掠后效果图

步骤 3：单击"预览"按钮，观察如图 5.96 所示预览效果，确认无误后单击"确定"按钮。

5.1.10　填充曲面

1）概述

"填充"是通过由一组曲线或曲面的边线组成的封闭区域进行填充而形成曲面。

单击"曲面"工具栏中的"填充"命令图标，弹出如图 5.97 所示的"填充曲面定义"对话框，该对话框的内容包括"边界"和"穿越点"。

● 边界：选取要进行填充的封闭轮廓的边界，选取的对象可以是封闭的草图，也可以是由多条曲线组成的封闭轮廓,要注意的是所选取的边界必须能够组成封闭的轮廓。

● 穿越点:在进行填充命令过程中可以在所要填充的封闭轮廓的上方或下方定义一个点,在创建填充曲面时,填充曲面会穿过定义的点。

图 5.97 "填充曲面定义"对话框

图 5.98 创建封闭曲线

2) 示例:对定义的封闭曲线进行填充

步骤 1:创建如图 5.98 所示的封闭曲线。

步骤 2:单击"填充"命令图标,在弹出的对话框中输入内容,如图 5.99 所示,其余均为默认。

步骤 3:单击"预览"按钮,观察如图 5.100 所示预览效果,确认无误后单击"确定"按钮。

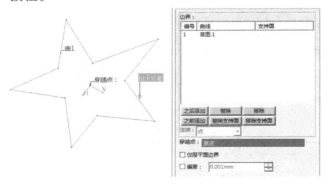

图 5.99 定义填充类型

图 5.100 填充后效果图

5.1.11 多截面曲面

1) 概述

"多截面曲面"是通过多个轮廓曲线扫掠生成曲面。生成的曲面中,每个截面根据定义的轮廓曲线是可以不同的。

单击"曲面"工具栏中的"多截面曲面"命令图标 ,弹出如图 5.101 所示的"多截面曲面定义"对话框。

图 5.101　"多截面曲面定义"对话框

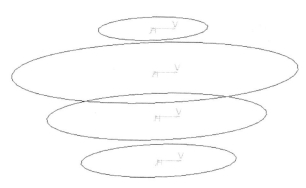

图 5.102　创建曲线

2)示例:使用多截面曲面创建曲面

步骤 1:创建如图 5.102 所示的曲线。

步骤 2:单击"多截面曲面"命令图标,在弹出的对话框中输入内容,如图 5.103 所示,其余均为默认。

步骤 3:单击"预览"按钮,观察如图 5.104 所示预览效果,确认无误后单击"确定"按钮。

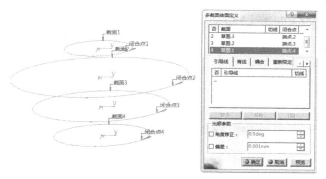

图 5.103　创建多截面曲面

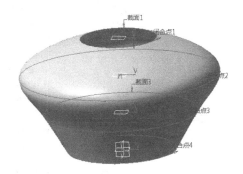

图 5.104　多截面曲面效果图

5.1.12　桥接

1)概述

"桥接"是指将两个空间上相邻但不相交的曲面连接起来,生成的连接曲面与两个被连接的曲面具有连续性。

单击"曲面"工具栏中的"桥接"命令图标 ，弹出如图 5.105 所示的"桥接曲面定义"对话框。

2)示例:使用桥接创建曲面

步骤 1:创建如图 5.106 所示的曲面。

图 5.105   "桥接曲面定义"对话框

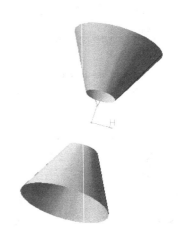

图 5.106   创建曲面

步骤 2：单击"桥接"命令图标，在弹出的对话框中输入内容，如图 5.107 所示，其余均为默认。

步骤 3：单击"预览"按钮，观察如图 5.108 所示预览效果，确认无误后单击"确定"按钮。

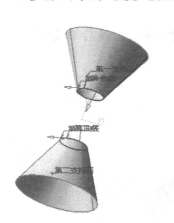

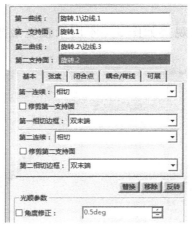

图 5.107   创建桥接曲面

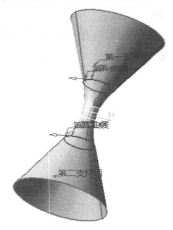

图 5.108   桥接曲面效果图

5.2   曲面编辑

5.2.1   接合

"接合"是指把各个单独的曲面或曲线合并成一个整体的曲面或曲线。

单击"操作"工具栏中的"接合"命令图标 ，弹出如图 5.109 所示的"接合定义"对话框。

①要接合的元素：定义需要接合的元素，单击"添加模式"添加需要接合的曲面或曲线；单击"移除模式"可在已选择的要接合的元素中进行删除。

②参数：定义接合的基本参数。

● 检查相切：对接合元素进行相切连续性的检查，如果接合的元素不相切，将弹出"更新错误"对话框。

● 检查连接性：对接合元素进行距离连接性检查，如果选中的元素之间距离大于设置的"合并距离"值，将弹出"更新错误"对话框。

● 简化结果：对接合元素进行简化。

● 忽略错误元素：忽略不符合要求的元素。

● 合并距离：定义允许合并的两元素之间的最大距离，系统允许的两曲面之间的最大距离为"0.1 mm"。

● 角阈值：选中后激活对应文本框，用来定义两曲面允许合并的最大夹角。如果两曲面之间的夹角大于所设置的值，将弹出"更新错误"对话框。

图 5.109 "接合定义"对话框

③组合：定义组合曲面的类型。单击"组合"选项卡，"接合定义"对话框更新为如图5.110所示的界面。

● 无组合：不能选取任何元素。

● 全部：默认选取所有元素。

● 点连续：可以在图形区选取与选定元素存在点连续关系的元素。

● 切线连续：可以在图形区选取与选定元素相切的元素。

● 无拓展：不自动拓展任何元素，但是可以指定要组合的元素。

④要移除的子元素：定义在接合过程中要从某元素中移除的子元素。单击"要移除的子元素"选项卡，"接合定义"对话框变为如图 5.111 所示的界面。此时可以在绘图区直接选取要移除的子元素。

图 5.110 "接合定义"对话框组合选项卡

图 5.111 "接合定义"对话框

5.2.2 修复

"修复"是指对曲面之间的间隙进行缝补，从而缩小曲面之间的间隙。

单击"操作"工具栏"接合"命令下拉菜单中的"修复"命令图标，弹出如图 5.112 所示的"修复定义"对话框。

①要修复的元素:添加需要修复的元素或移除已选择的元素。

②参数:定义修复曲面的基本参数。

● 连续:定义修复曲面的连续类型,包括"点"连续和"切线"连续。

● 合并距离:修复曲面之间的最大距离,若小于此最大距离,则将这两个修复曲面视为一个元素。

● 距离目标:定义点连续的修复过程的目标距离。

● 相切角度:定义修复曲面间的最大角度。若小于此最大角度,则将这两个修复曲面视为相切连续。只有选择"连续"为"切线"时,此文本框才会被激活。

图 5.112 "修复定义"对话框

● 相切目标:定义相切连续的修复过程的目标角度。只有选择"连续"为"切线"选项时,此文本框才会被激活。

③冻结:定义不受影响的边线或面。单击"冻结"选项卡,"修复定义"对话框更新为如图 5.113 所示。

● 要冻结的元素:添加或移除需要冻结的元素。

● 冻结平面的元素:指定修复是否应影响平面元素。

● 冻结规范元素:指定修复是否应影响规范元素。

④锐度:定义需要保持锐化的边线。单击"锐度"选项卡,"修复定义"对话框更新为如图 5.114 所示界面。

图 5.113 "修复定义"对话框
冻结选项卡

图 5.114 "修复定义"对话框
锐度选项卡

⑤可视化:显示修复曲面的解法。单击"可视化"选项卡,"修复定义"对话框更新为如图

5.115 所示界面。

● 显示的解法：当选择"所有"，显示何处保留不连续以及何处不连续类型发生变化的所有消息；当选择"尚未校正"，仅显示何处未校正不连续或保留不连续的消息；当选择"无"，即不显示消息。

● 交互显示消息：仅显示几何图形中的指针，通过指针时显示文本。

● 按顺序显示信息：仅显示几何图形中的指针和文本，可以通过"上一个"和"下一个"按钮按顺序从一个指针移至另一个指针。

图 5.115　"修复定义"对话框
可视化选项卡

5.2.3　曲线光顺

"曲线光顺"可以减少曲线的不连续点，使光顺后的曲线不存在拐点和奇异点，曲率变化均匀，更加流畅。

单击"操作"工具栏中"接合"命令下拉菜单中的"曲线光顺"命令图标 $\mathcal{S}$，弹出如图 5.116 所示的"曲线光顺定义"对话框。

①要光顺的曲线：定义需要进行光顺的曲线。

②参数：定义曲线光顺的基本参数。

● 相切阈值：指定进行光顺的相切不连续最大角度，对小于此值的不连续部位进行光顺，大于此值的保留原状，系统默认为 0.5deg。

图 5.116　"曲线光顺定义"
对话框

● 曲率阈值：指定曲率阈值，当曲率不连续高于该值时对曲线进行光顺。

● 最大偏差：指定最大偏差，偏差结果必须小于此值。

③"冻结"与"可视化"：与"修复"中的相同。

④端点：定义起点和终点的连续条件。单击"端点"选项卡，"曲线光顺定义"对话框如图 5.117 所示。

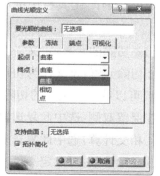

图 5.117　"曲线光顺定义"对话框"端点"选项卡

5.2.4　取消修剪

"取消修剪"命令用于还原被修剪或者被分割的曲面。

单击"操作"工具栏"接合"命令下拉菜单中的"取消修剪"命令图标，弹出如图 5.118 所示的对话框。

①元素：定义要取消修剪的元素。

②"创建曲线" 按钮：可以对想要的已修剪元素的边界曲面进行提取。

③描述：显示选定的元素个数和结果的元素个数。

定义取消修剪元素时，大致有三种情况：当选取面时，还原到初始曲面；当选取内部封闭环时，只还原所选轮廓曲线；当选取外部边界时，系统默认还原此边界相连的所有部分。

图 5.118 "取消修剪"对话框

5.2.5 拆解

拆解操作与接合操作互逆。

单击"操作"工具栏"接合"命令下拉菜单中的"拆解"命令图标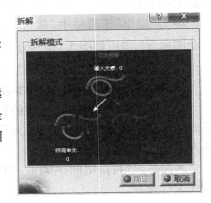，弹出如图 5.119 所示的对话框。

"拆解模式"有两种：第一种是"所有元素"方式，当选择此方式时，表示将曲面分解成最小的曲面；第二种是"仅限域"方式，当选择此方式时，如曲面之间的边线相连，且具有同一边界，分解后依然是一个曲面。

图 5.119 "拆解"对话框

5.2.6 分割

1)概述

"分割"是指利用一个元素作为切除元素对曲面或曲线进行裁剪。当切除元素为点时，只能分割线。

单击"操作"工具栏中的"分割"命令图标，弹出如图 5.120 所示的"分割定义"对话框。

①要切除的元素：定义需要切除的元素。

②切除元素：定义作为切除参考的元素。单击"移除"可以移除已选择的切除元素，单击"替换"可以替换已选择的切除元素，单击"另一侧"可以变化切除结果。

③保留双侧：选中此复选框时，被切除元素会根据切除元素的位置分别生成两个元素。

④相交计算：选中此复选框时，表示计算并保留两个曲面的相交结果。

⑤显示参数：可以定义更多的参数，单击"显示参数"按钮，"分割定义"对话框更新为如图 5.121 所示的界面。

- 支持面：用于面上线框之间的修剪，修剪曲线时，只保留支持面上的部分。
- 要移除的元素：可以在图形区选取一条或多条边线来定义要移除的子元素。
- 要保留的元素：可以在图形区选取一条或多条边线来定义要保留的子元素。
- 自动外插延伸：当切除元素不足以切除要切除的元素时，可以选中此复选框，将切除元素沿切线延伸至要切除元素的边界。要注意避免切除元素延伸到要切除元素边界之前发生自身相交。

图 5.120 "分割定义"对话框

图 5.121 "分割定义"显示参数对话框

2) 示例：曲面分割

步骤 1：创建如图 5.122 所示的曲面。

步骤 2：单击"操作"工具栏中的"分割"，在弹出的对话框中输入如图 5.123 所示内容。

步骤 3：单击"预览"按钮，观察如图 5.124 所示预览效果，确认无误后单击"确定"按钮。

图 5.122 创建曲面

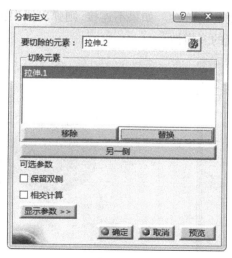

图 5.123 创建分割

图 5.124 分割后效果图

155

5.2.7 修剪

1) 概述

"修剪"是指将两个同类元素(曲面与曲面,或曲线与曲线)进行相互裁剪,并接合成一个元素。

单击"操作"工具栏中的"修剪"命令图标 ,弹出如图5.125所示的"修剪定义"对话框。

①"模式"默认为"标准":可用于一般曲线与曲线,曲面与曲面,或曲线和曲面的修剪。

• 修剪元素:定义需要进行相互修剪的元素。

• 之后添加,之前添加:在列表中的当前选择后或选择前添加修剪元素。

• 另一侧/下一元素,另一元素/上一元素:单击此命令,可以得到不同的修剪结果。

图 5.125 "修剪定义"对话框

• 结果简化:选中此复选框时,系统会自动尽可能减少修剪结果中面的数量。

• 相交计算:选中此复选框时,系统会在两曲面相交的地方创建相交线或相交点。

• 自动向外延伸:当修剪元素不足以修剪到应修剪的元素时,可以选中此复选框,将修剪元素沿切线延伸至要修剪元素的边界。要注意避免修剪元素延伸到要修剪元素边界之前发生自身相交。

②"模式"为"段":只能用于修剪曲线,在绘图区中鼠标点选处为保留的一侧。"修剪定义"对话框更新为如图5.126所示的界面。

• 修剪曲线:定义需要进行相互修剪的曲线。

• 检查连接性:检查修剪曲线的连接性。如果不连接,则弹出错误提示。

• 检查多样性:检查修剪曲线的多样性。

图 5.126 定义修剪类型

图 5.127 创建曲面

2) 示例:修剪曲面

步骤 1:创建如图 5.127 所示的曲面。

步骤 2：单击"操作"工具栏中的"修剪"，在弹出的对话框中输入如图 5.128 所示内容。

步骤 3：单击"预览"按钮，观察如图 5.129 所示预览效果，确认无误后单击"确定"按钮。

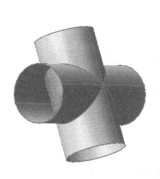

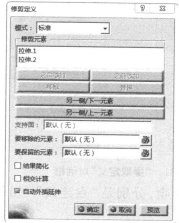

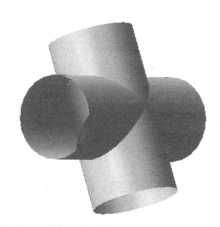

图 5.128　定义修剪类型 　　　　　　　　　　　　　　　图 5.129　修剪后效果图

5.2.8　边界

"边界"用来提取边线元素。

单击"操作"工具栏中的"边界"命令图标，弹出如图 5.130 所示的"边界定义"对话框。

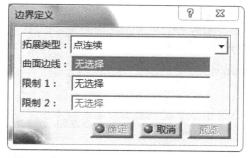

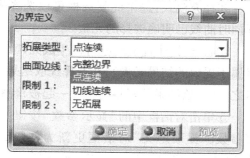

图 5.130　"边界定义"对话框

①拓展类型：下拉列表有 4 个选项，分别是"完整边界""点连续""切线连续"和"无拓展"。

- 完整边界：选择曲面的全部边线都被提取。
- 点连续：与选择边线点连续的边线都会被提取。
- 切线连续：与选择边线相切连续的边线都会被提取。
- 无拓展：只提取选中的边线。

②曲面边线：定义需要提取的曲面边线。

③限制 1 和限制 2：选择两点来取消两点之间的曲线。

5.2.9　提取

"提取"只能选择一个元素进行提取，点、曲线或曲面都可以进行提取。

单击"操作"工具栏中的"提取"命令图标，弹出如图 5.131 所示的"提取定义"对话框。

图 5.131 "提取定义"对话框

①拓展类型：下拉列表有 4 个选项，分别是"点连续""切线连续""曲率连续"和"无拓展"。

- 点连续：与边线点连续的边线都会被提取。
- 切线连续：与边线相切连续的边线都会被提取。
- 曲率连续：与边线曲率连续的边线都会被提取。
- 无拓展：只提取选中的边线。

②要提取的元素：定义需要提取的元素。

③补充模式：选中此复选框可以选择先前没有选择同时曲线已明确选择的元素。

④联合：选中此复选框可以生成元素组（其中的元素属于提取的结果元素），在选择提取结果元素的子元素之一时，该结果元素将与指针一起被检测到。

⑤单击对话框中的"显示参数"按钮：可以定义更多参数，"提取定义"对话框更新为如图 5.132 所示。

图 5.132 "提取定义"显示参数对话框

当为"点连续"时，"距离阈值"被激活。当为"切线连续"时，"距离阈值"与"角阈值"被激活。当为"曲率连续"时，"距离阈值""角阈值"和"曲率阈值"都被激活。

- 距离阈值：当点不连续的距离低于该值时生成提取。
- 角阈值：当切线不连续的角度低于该值时生成提取。
- 曲率阈值：当曲率不连续值高于该值时生成提取。阈值为 1 对应于连续曲率。不连续值越大，要考虑的阈值越小。

5.2.10 多重提取

"多重提取"可以同时选择多个元素进行提取，并把所有的提取元素合并为一个元素。

单击"操作"工具栏中的"多重提取"命令图标，弹出如图 5.133 所示的"多重提取定义"对话框。

①要提取的元素:用来添加、移除或替换要提取的曲线或曲面。

②拓展类型:下拉列表有 4 个选项,分别是"点连续""切线连续""曲率连续"和"无拓展",如图 5.134 所示。

图 5.133　"多重提取定义"对话框

图 5.134　"多重提取定义"拓展类型菜单

- 点连续:与边线点连续的边线都会被提取。

- 切线连续:与边线相切连续的边线都会被提取。

- 曲率连续:与边线曲率连续的边线都会被提取。

- 无拓展:只提取选中的边线。

③要提取的元素:定义需要提取的元素。

④补充模式:选中此复选框,可以选择先前没有选择,同时曲线已明确选择的元素。

⑤联合:选中此复选框可以生成元素组(其中的元素属于提取的结果元素),在选择提取结果元素的子元素之一时,该结果元素将与指针一起被检测到。

⑥单击对话框中的"显示参数"按钮:可以定义更多参数。当为"点连续"时,"距离阈值"被激活。当为"切线连续"时,"距离阈值"与"角阈值"被激活。当为"曲率连续"时,"距离阈值""角阈值"和"曲率阈值"都被激活。

- 距离阈值:当点不连续的距离低于该值时生成提取。

- 角阈值:当切线不连续的角度低于该值时生成提取。

- 曲率阈值:当曲率不连续值高于该值时生成提取。阈值为 1 对应于连续曲率。不连续值越大,要考虑的阈值越小。

5.2.11　简单圆角

1)概述

"简单圆角"可以在两个相交曲面上直接生成圆角。

单击"操作"工具栏中的"简单圆角"命令图标 ⬛,弹出如图 5.135 所示的"圆角定义"对话框。

①"圆角类型":下拉列表默认为"双切线圆角",此时是对两个曲面直接进行倒圆角。

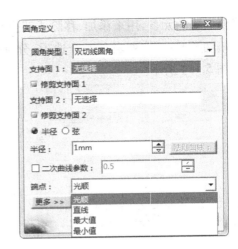

图 5.135 "圆角定义"对话框

● 支持面 1,支持面 2:定义需要圆角化的两个曲面,选中"修剪支持面 1"和"修剪支持面 2"复选框,可以利用圆角来裁剪支持面,合并成一个整曲面。

● 半径,弦:定义圆角半径或圆角所对的弦长。

● 二次曲线参数:选中此复选框可以为圆角的二次曲线横截面指定二次曲线参数。

● 端点:用于定义圆角边界类型。"光顺"表示圆角曲面的边界是光滑过渡的曲线;"直线"表示圆角曲面边界是将两曲面边线直线连接;"最大值"表示圆角最大;"最小值"表示圆角最小。

②单击"更多"按钮,"圆角定义"对话框更新为如图 5.136 所示界面。

● 保持曲线:指定保持曲线,控制圆角半径。

● 脊线:定义脊线。

● 法则曲线边界 1 和法则曲线边界 2:在脊线上指定点,限定半径法则曲线的范围。

● 要保留的面:定义要保留的面。

③选择"圆角类型"为"三切线内圆角":此时可创建与三个指定面相切的圆角,"圆角定义"对话框更新为如图 5.137 所示界面。

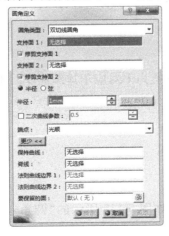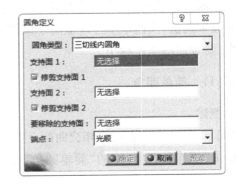

图 5.136　圆角定义扩展对话框　　　　　　图 5.137　定义圆角类型

● 要移除的支持面：定义圆角曲面的切面。

2）示例：相交曲面创建简单双切线圆角

步骤 1：创建如图 5.138 所示的曲面。

步骤 2：单击"操作"工具栏中的"简单圆角"，在弹出的对话框中输入如图 5.139 所示内容。

步骤 3：单击"预览"按钮，观察如图 5.140 所示预览效果，确认无误后单击"确定"按钮。

图 5.138   创建曲面

图 5.139   定义圆角类型

图 5.140   圆角后效果图

5.2.12   倒圆角

1）概述

"倒圆角"可以在曲面元素的边线上创建圆角。"倒圆角"是对一个曲面元素进行倒圆角，"简单圆角"是对两个曲面元素进行倒圆角。

单击"操作"工具栏中的"倒圆角"命令图标 ，弹出如图 5.141 所示的"倒圆角定义"对话框。

图 5.141   "倒圆角定义"对话框

"倒圆角定义"对话框中的部分选项与"圆角定义"对话框中的选项相同,相同部分不再赘述。

①要圆角化的对象:选择需要进行圆角化的边线,选择完毕后系统会自动确定"支持面"。

②拓展:定义边线的延伸方式。

● 相切:与所选边线相切的边线也会被选中倒圆角。

● 最小:只把选中的边线倒圆角。

● 相交:与所选边线相交的边线也会被倒圆角。

③二次曲线参数:指定二次曲线参数。二次曲线参数必须大于 0 且小于 1。

④修剪带:如果倒圆角的两条边线离的比较近且圆角半径较大,使两个圆角产生叠加时,可以选中此复选框来修剪叠加的部分(当"拓展"类型为"最小"时不被激活)。

⑤单击对话框中的"更多"按钮,"倒圆角"对话框更新为如图 5.142 所示的界面。

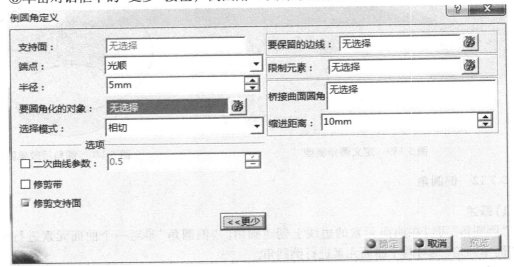

图 5.142 "倒圆角定义"扩展对话框

● 要保留的边线:指定边线,对所选对象进行圆角化时不可修改该边线。

● 限制元素:指定限制元素,所选限制元素的一侧不被圆角化。

● 桥接曲面圆角:指定边角合并。

● 缩进距离:定义缩进距离。

2) 示例:曲面倒圆角

步骤 1:创建如图 5.143 所示的相交平面。

步骤 2:单击"操作"工具栏中的"倒圆角",在弹出的对话框中输入内容如图 5.144 所示。

图 5.143 创建曲面

步骤 3:单击"预览"按钮,观察如图 5.145 所示预览效果,确认无误后单击"确定"按钮。

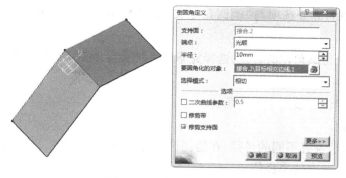

图 5.144 定义倒圆角类型

图 5.145 倒圆角后效果图

5.2.13 可变圆角

1）概述

"可变圆角"可以在某个曲面的边线上创建半径不同的圆角。

单击"操作"工具栏中的"可变圆角"命令图标🔗,弹出如图 5.146 所示的"可变半径圆角定义"对话框。

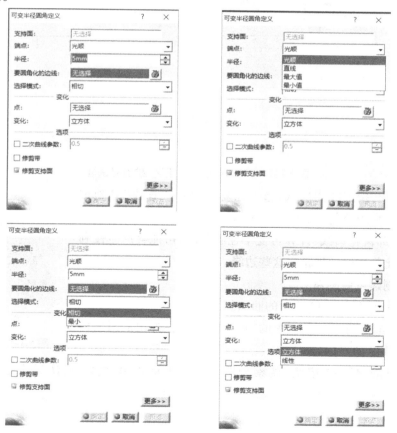

图 5.146 "可变半径圆角定义"对话框

163

"可变半径圆角定义"对话框中的部分选项与"倒圆角定义"对话框中的选项相同,相同部分不再赘述。

①要圆角化的边线:选择需要进行圆角化的边线,选择完毕后系统会自动确定"支持面"。

②拓展:定义边线的延伸方式。

● 相切:与所选边线相切的边线也会被选中倒圆角。

● 最小:只把选中的边线倒圆角。

③点:可以在边线上添加不同点,设置不同的半径,在绘图区会显示此点的半径。双击此半径值,可以在弹出的对话框中改变此点的半径值。

④变化:下拉列表中分别有"立方体"和"线性"两个选项。

● 立方体:以三次方的方式计算半径变化。

● 线性:以线性的方式计算半径的变化。

⑤单击对话框中的"更多"按钮,"倒圆角定义"对话框更新为如图 5.147 所示的界面。

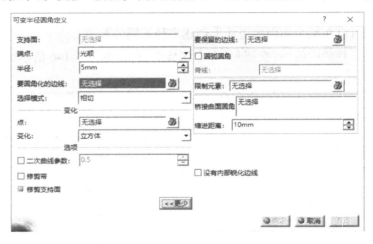

图 5.147 "可变半径圆角定义"扩展对话框

● 圆弧圆角:指定圆角形状,选中此复选框后,"脊线"选项被激活,通过选择脊线控制想要的圆角形状。

● 没有内部锐化边线:计算可变半径圆角时,可能会产生锋利的边缘,选中此复选框后将删除这些边缘。

2)示例:创建可变圆角

步骤 1:创建如图 5.148 所示的曲面。

步骤 2:单击"操作"工具栏中的"可变圆角",在弹出的对话框中输入如图 5.149 所示内容。

图 5.148 创建曲面

步骤 3:单击"预览"按钮,观察如图 5.150 所示预览效果,确认无误后单击"确定"按钮。

图 5.149　定义可变半径圆角类型

图 5.150　圆角后效果图

5.2.14　弦圆角

1）概述

"弦圆角"可以在某个曲面的边线上创建不同弦长的圆角。

单击"操作"工具栏中的"弦圆角"命令图标 ，弹出如图 5.151 所示的"弦圆角定义"对话框。

"弦圆角定义"对话框中的部分选项与"可变圆角定义"对话框中的选项相同，相同部分不再赘述。

①弦长：定义圆角所对的弦的长度。

②单击对话框中的"更多"按钮，"弦圆角定义"对话框更新为如图 5.152 所示的界面。

图 5.151　"弦圆角定义"对话框

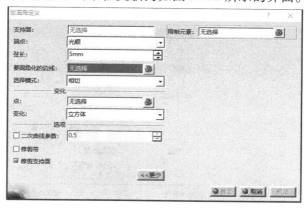

图 5.152　"弦圆角定义"扩展对话框

2）示例：创建弦圆角

步骤 1：创建如图 5.153 所示的曲面。

步骤 2：单击"操作"工具栏中的"弦圆角"，在弹出的对话框中输入如图 5.154 所示内容。

步骤 3：单击"预览"按钮，观察如图 5.155 所示预览效果，确认无误后单击"确定"按钮。

图 5.153　创建曲面

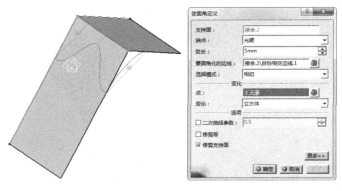

图 5.154　定义弦圆角类型　　　　　　　　　　图 5.155　圆角后效果图

5.2.15　样式圆角

1) 概述

"样式圆角"是综合各种形式的圆角命令。

单击"操作"工具栏中的"样式圆角"命令图标 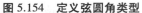,弹出如图 5.156 所示的"样式圆角"定义对话框。

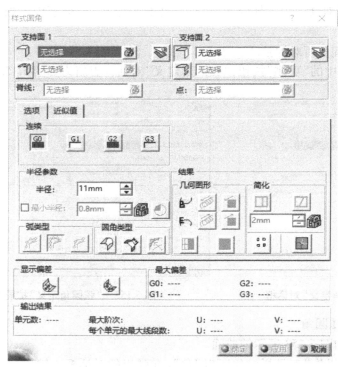

图 5.156　"样式圆角"定义对话框

①支持面 1,支持面 2:定义需要进行的圆角化的面。

②连续:包含四种类型,分别是 G0 连续、G1 连续、G2 连续、G3 连续,是指曲线或曲面的连续方式、平滑程度,G 越大,曲面质量越高。

③半径参数:定义圆角半径。

④结果:

● 几何图形:用于控制支持面与圆角曲面端点的过渡情况。其作用类似于"简单圆角"的"端点"选项。

● 简化:包括"小曲面-缝合 □"和"小曲面-裂缝 ◇"。"小曲面-缝合"可以将小曲面与相邻曲面缝合;"小曲面-裂缝"可以将小曲面沿对角线方向分为两个曲面。

⑤弧类型:分为"桥接曲面""近似值"和"精确"。

● 桥接曲面 🐟:在输入元素间创建一个桥接曲面的过渡。

● 近似值 🐟:在输入元素间创建一个弧形近似圆形的贝塞尔曲面,该曲面是多项式曲面。

● 精确 🐟:在输入元素间使用真正的圆截面创建一个有理 B 曲面。

⑥圆角类型:分为"可变半径 🔧""弦圆角 🔧"和"最小真值 🔧"。选择"最小真值"时,在"最小半径"后的文本框中输入需要的半径值即可。注意在选择"可变半径"的同时可点选"最小真值",此时按"最小半径"值创建圆角曲面。

⑦显示偏差:在几何图形区域中显示圆角曲面连接的偏差文本。若"连续"选择"G1"则只显示 G0 或 G1 的偏差。单击圆角单元之间的连接按钮 🔧,可以显示或隐藏在几何图形区域中的圆角曲面单元之间的偏差分析文本;单击圆角筋和支持面之间的连接按钮 🔧,可以显示或隐藏在几何图形区域中圆角曲面与支持面之间的偏差分析文本。

2) 示例:使用样式圆角

步骤 1:创建如图 5.157 所示的曲面。

步骤 2:单击"操作"工具栏中的"样式圆角",在弹出的对话框中输入如图 5.158 所示内容。

图 5.157　创建曲面

步骤 3:单击"应用"按钮,观察如图 5.159 所示预览效果,确认无误后单击"确定"按钮。

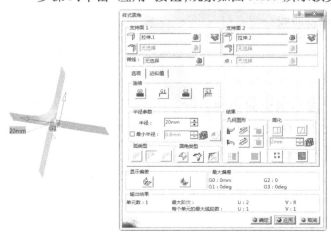

图 5.158　定义样式圆角类型

图 5.159　圆角后效果图

167

5.2.16 面与面之间的圆角

1）概述

"面与面之间的圆角"可以在相交的两个面的交线上创建圆角，也可以在不相交的两个面间创建圆角。

单击"操作"工具栏中的"面与面之间的圆角"命令图标 ，弹出如图 5.160 所示的"定义面与面的圆角"对话框。

"定义面与面的圆角"对话框中的部分选项与"倒圆角定义"对话框中选项相同。相同部分不再赘述。

图 5.160　"定义面与面的圆角"对话框

①要圆角化的面：定义需要使用圆角连接的两个面。

②半径：定义圆角半径参数，定义时要符合需要圆角化两面的实际情况。

③单击对话框中的"更多"按钮，"定义面与面的圆角"对话框更新为如图 5.161 所示界面。

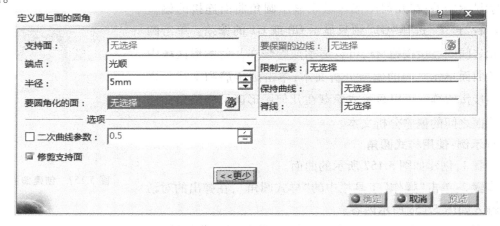

图 5.161　"定义面与面的圆角"扩展对话框

- 保持曲线：指定用于圆角化面的保持曲线。
- 脊线：指定用于圆角化面的脊线。

2）示例：创建面与面之间的圆角

步骤 1：创建如图 5.162 所示的平面。

步骤 2：单击"操作"工具栏中的"面与面之间的圆角"，在弹出的对话框中输入内容，如图 5.163 所示。

步骤 3：单击"预览"按钮，观察如图 5.164 所示预览效果，确认无误后单击"确定"按钮。

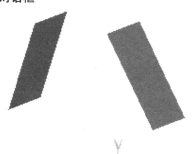

图 5.162　创建平面

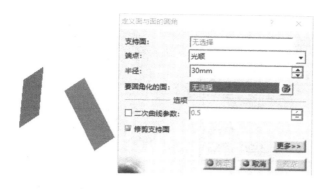

图 5.163　定义面与面的圆角类型

图 5.164　圆角后效果图

5.2.17　三切线内圆角

1）概述

单击"操作"工具栏中的"三切线内圆角"命令图标⤴,弹出如图 5.165 所示的"定义三切线内圆角"对话框。

"定义三切线内圆角"对话框中的部分选项与"倒圆角定义"对话框中选项相同。相同部分不再赘述。

①要圆角化的面:定义需要建立过渡圆角的两个面。

②要移除的面:定义需要两圆角曲面的切面。

③单击对话框中的"更多"按钮,"定义三切线内圆角"对话框更新为如图 5.166 所示界面。

图 5.165　"定义三切线内圆角"
对话框

图 5.166　"定义三切线内圆角"
扩展对话框

2）示例:使用三切面内圆角创建圆角

步骤 1:创建如图 5.167 所示的曲面。

步骤 2:单击"操作"工具栏中的"三切线内圆角",在弹出的对话框中输入如图 5.168 所示内容。

步骤 3:单击"预览"按钮,观察如图 5.169 所示预览效果,确认无误后单击"确定"按钮。

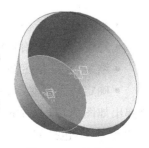

图 5.167　创建曲面

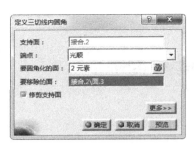

图 5.168　定义三切线内圆角类型　　　　图 5.169　圆角后效果图

5.2.18　平移

1) 概述

"平移"命令可以将一个或多个元素进行平移并复制。

单击"操作"工具栏中的"平移"命令图标，弹出如图 5.170 所示的"平移定义"对话框。

图 5.170　"平移定义"定义框

①"向量定义"下拉列表默认为"方向、距离"，通过指定移动方向和移动距离进行平移，其操作项目如下：

- 元素：定义要进行平移的元素。
- 方向：定义平移方向。
- 距离：定义平移距离。
- 隐藏/显示初始元素：可以隐藏/显示原来的元素。
- 结果：允许指定结果类型。
- 确定后重复对象：当选中此复选框后，在"平移定义"对话框中单击"确定"按钮，系统会弹出如图 5.171 所示的"复制对象"对话框，通过在此对话框中输入实例数可以定义平移元素的数量（不包括初始元素）。

②选择"向量定义"为"点到点",通过选择平移的起点和终点进行平移,"平移定义"对话框更新为如图 5.172 所示的界面。

- 起点:对象平移的起点。
- 终点:对象平移的终点。

③选择"向量定义"为"坐标",通过选择平移的基准轴系和各方向上的分量进行平移,"平移定义"对话框更新为如图 5.173 所示的界面。

- X、Y、Z:在各文本框中输入坐标值。
- 轴系:坐标平移方向的基准。

图 5.171　"复制对象"对话框

图 5.172　"点到点"选项卡

图 5.173　"坐标"选项卡

2)示例:曲面平移

步骤 1:创建如图 5.174 所示的曲面。

步骤 2:单击"操作"工具栏中的"平移",在弹出的对话框中输入如图 5.175 所示内容。

步骤 3:单击"预览"按钮,观察如图 5.176 所示预览效果,确认无误后单击"确定"按钮。

图 5.174　创建曲面

图 5.175　定义平移类型

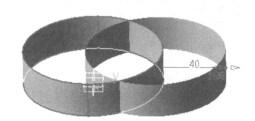

图 5.176　平移后效果图

5.2.19　旋转

1) 概述

"旋转"命令可以将一个或多个元素绕着选定的轴线旋转并复制。

单击"操作"工具栏中的"旋转"命令图标🔁,弹出如图 5.177 所示的"旋转定义"对话框。

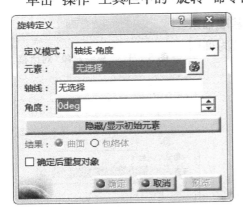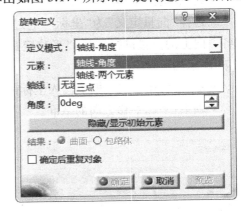

图 5.177　"旋转定义"对话框

①"定义模式"为"轴线-角度",通过定义旋转轴线和输入旋转角度来旋转元素,其操作项目如下:

- 元素:定义需要进行旋转的元素。
- 轴线:定义旋转轴线。
- 角度:定义旋转角度。

②选择"定义模式"为"轴线-两个元素",通过选择第一参考元素和第二参考元素进行旋转,"旋转定义"对话框更新为如图 5.178 所示的界面。

- 第一元素:定义第一参考元素。
- 第二元素:定义第二参考元素。

③选择"定义模式"为"三点",通过选取三个点作为参考来定义元素的旋转。"旋转定义"对话框更新为如图 5.179 所示的界面。

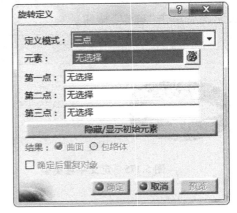

图 5.178　"轴线-两个元素"选项卡　　　　图 5.179　"三点"选项卡

● 第一点、第二点、第三点：分别指定三个参考点，三个点可构成一个平面，其中第二点表示通过该点平面的法线，定义为旋转轴，第一点为旋转起位置，第三点为旋转目标位置。

2) 示例：旋转曲面

步骤 1：创建如图 5.180 所示的曲面。

步骤 2：单击"操作"工具栏中的"旋转"，在弹出的对话框中输入如图 5.181 所示内容。

步骤 3：单击"预览"按钮，观察如图 5.182 所示预览效果，确认无误后单击"确定"按钮。

图 5.180　创建曲面

图 5.181　定义旋转类型

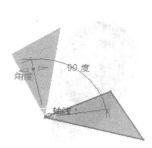

图 5.182　旋转后效果图

步骤 4：在弹出的对话框中输入如图 5.183 所示内容。单击"确定"按钮，效果如图 5.184 所示。

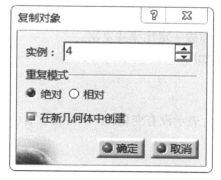

图 5.183　定义复制对象

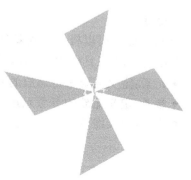

图 5.184　复制后效果图

5.2.20　对称

1) 概述

"对称"命令可以将一个或多个元素与选定的参考元素对称放置并复制。

单击"操作"工具栏中的"对称"命令图标 ，弹出如图 5.185 所示的"对称定义"对话框。

图 5.185　"对称定义"对话框

- 元素：定义需要进行对称的元素。
- 参考：定义对称参考元素，可以是直线或平面。

2）示例：曲面对称

步骤1：创建如图5.186所示的曲面。

步骤2：单击"操作"工具栏中的"对称"，在弹出的对话框中输入如图5.187所示内容。

步骤3：单击"预览"按钮，观察如图5.188所示预览效果，确认无误后单击"确定"按钮。

图5.186　创建曲面

图5.187　定义对称类型

图5.188　对称后效果图

5.2.21　缩放

1）概述

"缩放"命令可以将一个或多个元素按照参考位置缩放一定比率并复制。

单击"操作"工具栏中的"缩放"命令图标 ，弹出如图5.189所示的对话框。

- 元素：定义需要进行缩放的元素。
- 参考：定义缩放的参考元素，可以是点或平面。
- 比率：定义缩放的大小，大于1，表示放大；等于1，表示没有变化；小于1，表示缩小。

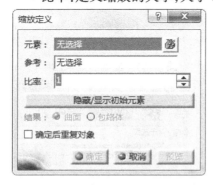

图5.189　"缩放定义"对话框

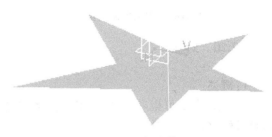

图5.190　创建曲面

2）示例：曲面缩放

步骤1：创建如图5.190所示的曲面。

步骤2：单击"操作"工具栏中的"对称"，在弹出的对话框中输入如图5.191所示内容。

步骤 3：单击"预览"按钮,观察如图 5.192 所示预览效果,确认无误后单击"确定"按钮。

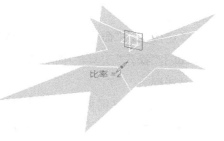

图 5.191　定义缩放类型

图 5.192　缩放后效果图

5.2.22　仿射

1）概述

仿射命令可以将一个或多个元素复制,并以某参考元素为基准,在 X、Y 和 Z 三个方向上进行缩小或放大,并且这三个方向上的缩放值是可以不一样的。

单击"操作"工具栏中的"仿射"命令图标 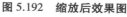,弹出如图 5.193 所示的"仿射定义"对话框。

- 元素:定义需要进行仿射的元素。
- 轴系:定义需要仿射的参考元素,当不作改变时,为系统默认轴系。
- 比率:定义 X、Y、Z 方向上的缩放比例。

2）示例:曲面仿射

步骤 1:创建如图 5.194 所示的曲面。

步骤 2:单击"操作"工具栏中的"对称",在弹出的对话框中输入内容如图 5.195 所示内容。

步骤 3:单击"预览"按钮,观察如图 5.196 所示预览效果,确认无误后单击"确定"按钮。

图 5.193　"仿射定义"对话框

图 5.194　创建曲面

图 5.195　定义仿射类型

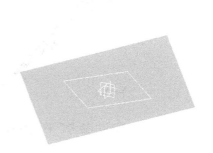

图 5.196　仿射后效果图

5.2.23 定位变换

1) 概述

"定位变换"命令可以将一个或多个元素复制并按选定的参考轴系调整方位。

单击"操作"工具栏中的"定位变换"命令图标 ，弹出如图 5.197 所示的"定位变换定义"对话框。

- 元素:定义需要进行移动的元素。
- 参考:定义元素移动的参考轴系。
- 目标:定义元素移动的目标轴系。

图 5.197 "定位变换定义"对话框

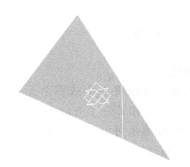

图 5.198 创建曲面

2) 示例:曲面定位变换

步骤 1:创建如图 5.198 所示的曲面。

步骤 2:单击"操作"工具栏中的"对称",在弹出的对话框中输入如图 5.199 所示内容。

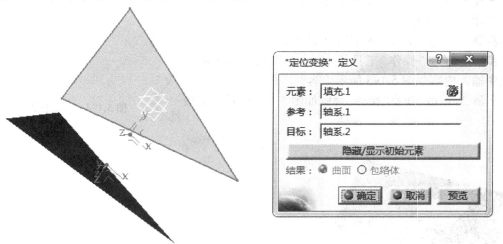

图 5.199 定义定位变换类型

步骤 3:创建"参考"平面如图 5.200 所示。

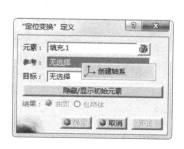

图 5.200　创建参考平面

步骤 4："目标"平面在创建 X 轴时如图 5.201 所示,其余与创建"参考"平面相同。

图 5.201　创建"目标"平面

步骤 5:单击"预览"按钮,观察如图 5.202 所示预览效果,确认无误后单击"确定"按钮。

5.2.24　外插延伸

1)概述

"外插延伸"命令可以将曲线或曲面沿指定的参照元素延伸。

单击"操作"工具栏中的"外插延伸"命令图标 ,弹出如图 5.203 所示的"外插延伸定义"对话框。

图 5.202　定位变化过效果图

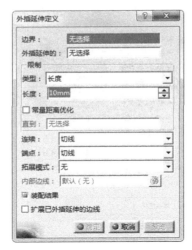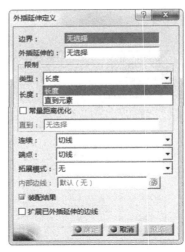

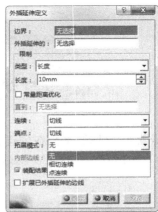

图 5.203 "外插延伸定义"对话框

①边界：定义需要向外延伸的曲线或曲面边界。

②外插延伸的：定义需要外插延伸的曲面，该曲面需要与选择的边界元素相关联。

③限制：分别有"长度"和"直到元素"两个选项。

● 长度：当选择此选项时，"长度""常量距离优化"选项被激活。其作用分别是定义延伸距离和执行常亮距离的外插延伸，并创建无变形的曲面。

● 直到元素：当选择此项时，"直到"选项被激活，用来指定延伸截止元素。

④连续：定义外插延伸曲面和支持面之间的连续类型，其下拉列表中有"切线"和"曲率"两种类型。

● 切线：当选择"切线"时，内部边线激活，用以确定外插延伸的优先方向，可以选择一条或多条边线进行相切外插延伸。

● 曲率：当选择"曲率"时，"外插延伸定义"对话框更新为如图 5.204 所示界面。

⑤端点：定义外插延伸曲面和支持面之间的转换类型。

图 5.204 "曲率"选项卡

- 法线：外插延伸曲面垂直延伸。
- 切线：外插延伸曲面切线延伸。

⑥拓展模式：定义外插延伸的拓展模式。

- 无：无外插延伸的拓展。
- 相切连续：定义从一个边线倒其点连续边线的外插延伸的自动定义。
- 点连续：定义从一个边线其点连续边线的外插延伸的自动定义。

⑦装配结果：将外插延伸曲线或曲面装配带支持曲线或曲面。

⑧扩展已外插延伸的边线：重新连接基于外插延伸曲面的元素特性。

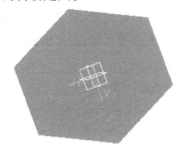

图 5.205　创建曲面

2）示例：曲面边缘外插延伸

步骤 1：创建如图 5.205 所示的曲面。

步骤 2：单击"操作"工具栏中的"外插延伸"，在弹出的对话框中输入如图 5.206 所示内容。

步骤 3：单击"预览"按钮，观察如图 5.207 所示预览效果，确认无误后单击"确定"按钮。

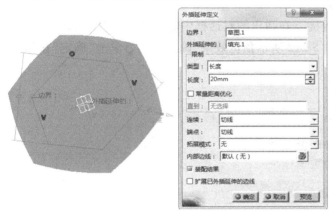

图 5.206　定义外插延伸类型

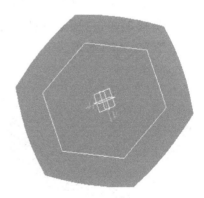

图 5.207　外插延伸后效果图

5.2.25　反转方向

"反转方向"命令可以完成反转曲线或曲面方向的操作。

单击"操作"工具栏中的"反转方向"命令图标 ，弹出如图 5.208 所示的"反转定义"对话框。

- 反转：定义需要进行反转方向的曲面或曲线。
- 重置初始方向：用来改变反转方向。

图 5.208　"反转定义"对话框

179

5.2.26　近接

1）概述

"近接"命令可以根据指定的参考就近提取需要的元素。

单击"操作"工具栏中的"近接"命令图标，弹出如图 5.209 所示的"近接定义"对话框。

● 多重元素：定义要分析的多重元素。

● 参考元素：定义创建的子元素附近的参考元素。

图 5.209　"近接定义"对话框

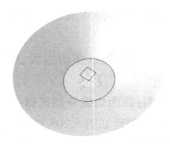

图 5.210　创建曲面

2）示例：曲面近接

步骤 1：创建如图 5.210 所示的曲面。

步骤 2：单击"操作"工具栏中的"近接"，在弹出的对话框中输入如图 5.211 所示内容。

步骤 3：单击"预览"按钮，观察如图 5.212 所示预览效果，确认无误后单击"确定"按钮。

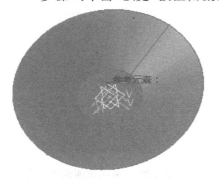

图 5.211　定义近接类型

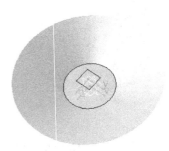

图 5.212　近接后效果图

5.3　曲面分析

5.3.1　曲面连接检测

曲面的连续性分析是根据定义的最大最小间隔对所定义的两曲面进行连续性的分析。

单击"分析"工具栏中的"连接检查器分析"命令图标，弹出如图 5.213 所示的对话框。

①类型：选择连续类型，包括"曲线-曲线连接""曲面-曲面连接"和"曲线-曲面连接"三种类型。

②G0：对曲线或曲面进行距离分析。

③G1：对两曲线或曲面进行相切分析。

④G2：对曲线或曲面进行曲率分析。

⑤G3：对两曲线或曲面进行变化率分析。

⑥交叠缺陷：对定义的两曲面重叠部分进行分析。

⑦显示：用于显示连续性的相关参数，包括"有限色标""完整色标""梳"和"包络"四个选项。

- 有限色标：用于显示色度标尺。
- 完整色标：用于显示色度标尺。
- 梳：显示与距离对应的各点处的尖端。
- 包络：连接所有的尖端，从而生成曲线。

⑧振幅：调节梳的缩放方式，单击"自动缩放"按钮，则自动调节梳的缩放值，可自定义梳的缩放值。

⑨最小间隔：定义最小间隔值，低于最小间隔值时，系统不分析。

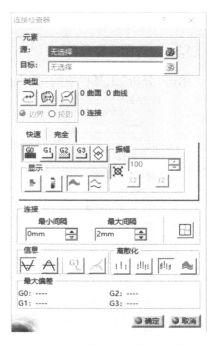

图 5.213 "连接检查器"对话框

⑩最大间隔：定义最大间隔值，高于最大间隔值时，系统不分析。

⑪信息：显示 3D 图形的最小值和最大值。

⑫离散化：设置梳中的尖端数，包括"轻度离散化""粗糙离散化""中度离散化"和"精细离散化"4 个选项。

- 轻度离散化：显示 5 个尖端值。
- 粗糙离散化：显示 15 个尖端值。
- 中度离散化：显示 30 个尖端值。
- 精细离散化：显示 45 个尖端值。

5.3.2 特征拔模分析

"曲面的拔模分析"命令可对定义的曲面进行拔模分析，检查是否能够顺利拔模。

单击"分析"工具栏中的"曲面的拔模分析"命令图标，弹出如图 5.214 所示的对话框。

①模式：定义分析模式，有"快速分析模式"和"全面分析模式"两个选项。默认为"快速分析模式"。

②显示：定义分析类型，包括"显示或隐藏色标""根据运行中的点进行分析""无突出显示展示"和"光源效果"。

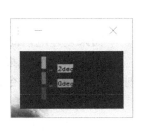

图 5.214 "拔模分析"对话框

③无突出显示：单击该按钮，设置突出效果的"开/关"。

5.3.3　曲面曲率分析

单击"分析"工具栏中的"曲面曲率分析"命令图标，弹出如图 5.215 所示的对话框。

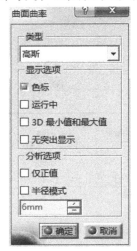

图 5.215　"曲面曲率"对话框

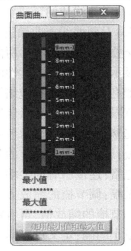

图 5.216　"曲面曲率"色标对话框

①类型：对曲面曲率的分析类型，包括"高斯""最大值""最小值""平均""受限制"和"衍射区域"6 个选项。

②显示选项。

● 色标：选中该选项时，弹出如图 5.216 所示的对话框。

● 运行中：选中该选项，则允许用户进行局部分析。

● 3D 最小值和最大值：在 3D 查看器中查看最大值和最小值。

● 无突出显示：选中该选项，则无突出显示展示。

③分析选项。

● 仅正值：选中该选项，则分析值为正值。

● 半径模式：选中该选项，则分析值为半径值。

5.4　实例演练

下面来创建电话筒实体模型。

步骤 1：在计算机桌面双击 CATIA 快捷方式进入基本环境，然后单击"开始"→"形状"→"创成式外形设计"命令，输入零部件名称，进入零件设计界面。

步骤 2：绘制草图。单击草图图标，选择 YZ 平面，进入草图设计界面，绘制圆弧并约束，如图 5.217 所示。

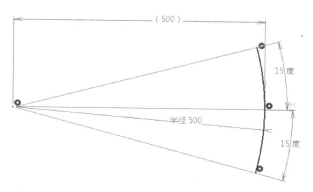

图 5.217　绘制草图并添加约束

步骤 3：生成拉伸面。单击拉伸图标 ，拉伸草图 1，双向拉伸，具体操作如图 5.218 所示。

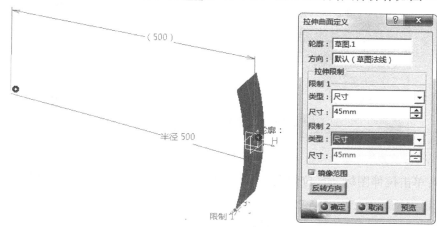

图 5.218　生成拉伸曲面

步骤 4：单击草图图标 ，选择 ZX 平面进入草图设计页面，绘制草图 2 并添加约束，如图 5.219 所示。

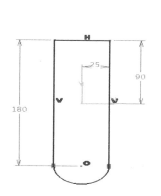

图 5.219　绘制草图并添加约束

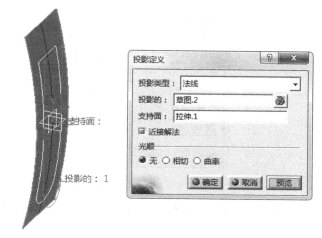

图 5.220　投影草图至拉伸曲面

步骤 5:单击投影图标 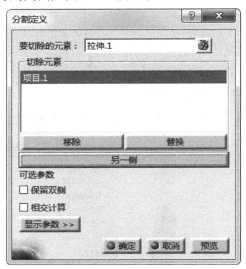,选择草图 2 和拉伸曲面,将草图 2 投影到拉伸曲面 1 上,如图 5.220 所示。单击"确定"按钮,得到项目 1。

步骤 6:单击分割图标 ，选择拉伸曲面 1 和项目 1,用项目 1 裁掉拉伸曲面的外部,单击"确定"按钮,得到曲面如图 5.221 所示。

图 5.221　分割曲面

步骤 7:单击拉伸图标 ，拉伸项目 1 得到的曲面,方向为 Y 轴,拉伸长度为"8 mm"。单击"确定",得到拉伸面 2,如图 5.222 所示。

图 5.222　拉伸项目 1

步骤 8:单击接合图标 ，选择分割 1 和拉伸面 2,将二者合并起来,如图 5.223 所示。

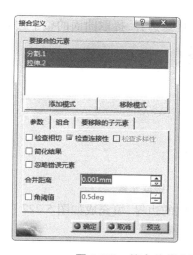

图 5.223　接合剪裁曲面和拉伸曲面

步骤 9：单击倒圆角图标，选择顶部两个尖角，输入圆角半径"20 mm"，如图 5.224 所示。

图 5.224　倒圆角

步骤 10：单击倒圆角图标，选择顶面的棱边，输入圆角半径"3 mm"，如图 5.225 所示。

图 5.225　倒圆角

步骤 11：单击边界图标，选择曲面的任意边界，提取曲面的整个边界，如图 5.226 所示。

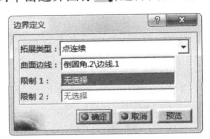

图 5.226　提取元素

步骤 12：单击填充曲面图标 ，选择提取的边界，填充成如图 5.227 所示曲面。

图 5.227　填充提取元素

步骤 13：单击生成点图标 ，选择填充曲面边界，点类型选择"曲线上"，曲率文本框输入"0.2"，在边界上生成一点；在另一边界上也生成 0.2 系数的点，如图 5.228 所示。

图 5.228　在边界上创建两点

步骤 14：单击边界图标 ，选择填充曲面的上表面，选择上述两点作为边界的界限，提取部分上表面的边界，如图 5.229 所示。

图 5.229　提取填充曲面上边界

步骤 15：单击扫掠图标 ，"轮廓类型"选择"直线","子类型"选择"使用参考曲面",引导曲线 1 选择第 14 步生成的边界,参考曲面选择第 12 步填充的曲面,"角度"输入"115deg",长度 1 输入"16mm",生成扫掠曲面 1,如图 5.230 所示。(根据曲线方向的正反,可以修改角度为"75°"或长度为"−16mm")

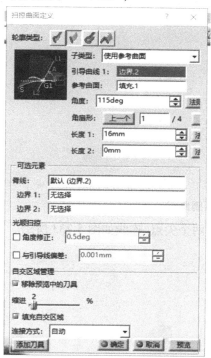

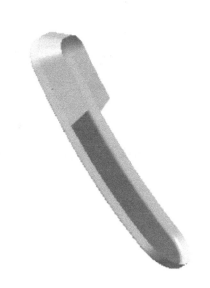

图 5.230　生成扫掠曲面

步骤 16：单击直线图标 ,选择第 13 步生成的两个点,选择填充曲面为基础面,生成直线,如图 5.231 所示。

图 5.231　生成直线

步骤 17：单击分割图标 ，依次选择填充曲面和第 16 步的直线，剪掉上部，如图 5.232 所示。

图 5.232　分割曲面

步骤 18：单击直线图标 ／，选择扫掠曲面的两个尖点，连线如图 5.233 所示。

图 5.233　生成直线

步骤 19：单击填充图标 △，依次选择边界，填充成如图 5.234 所示的曲面。

步骤 20：单击填充图标 △，依次选择边界，填充成如图 5.235 所示的曲面。

图 5.234　填充曲面

图 5.235　填充曲面

步骤 21：单击偏移图标，选择第 20 步填充的曲面，向下生成偏移"2mm"的等距曲面，然后隐藏第 20 步生成的填充曲面，如图 5.236 所示。

图 5.236　生成偏移曲面

步骤 22：单击点图标，选择偏移曲面，"距离"输入"0mm"，生成曲面的中心点，如图 5.237 所示。

图 5.237　生成曲面中心点

步骤 23：单击圆图标 ，圆心为第 22 步生成的点，半径为"12mm"，支持面为"偏移曲面 1"。激活支持面上的几何图形，如图 5.238 所示。

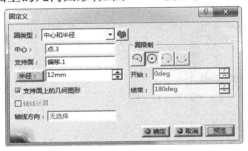

图 5.238　生成圆

步骤 24：单击分割图标 ，依次选择偏移曲面 1 和第 23 步生成的圆，剪掉圆的外部，如图 5.239 所示。

图 5.239　切除圆的外部

步骤 25：单击扫掠图标 ，"轮廓类型"选择"直线"，"子类型"选择"使用参考曲面"，引导曲线 1 选择第 23 步生成的圆，参考曲面选择第 24 步分割的曲面，"角度"输入"45deg"，长度 1 输入"10mm"，生成扫掠曲面 2，如图 5.240 所示。（根据曲线方向的正反，可以适当调整角度和长度值，以得到如图形状）

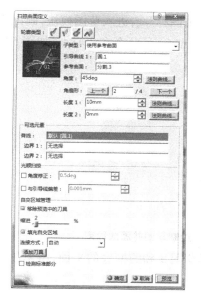

图 5.240　生成扫掠曲面 2

步骤 26：显示第 21 步所隐藏的填充曲面,单击修剪图标 ,选择填充曲面和第 25 步生成的扫掠曲面,生成如图 5.241 所示的曲面。

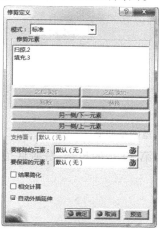

图 5.241　修剪多余曲面

步骤 27：单击平面图标 ,平面类型选择“曲面的切线”,曲面选择第 24 步生成的分割面,点选择第 22 步生成的中心点,生成一个参考平面,如图 5.242 所示。

图 5.242　生成曲面切平面

191

步骤 28：选择第 27 步生成的平面，单击图标 ，进入草图模块，画出 7 个半径为 1 mm 的圆，其中 6 个在边长为 8 mm 的正六边形角点上，另一个在中心点，如图 5.243 所示。

图 5.243　绘制草图并添加约束

步骤 29：单击投影图标 ，依次选择草图 3 和凹槽底的平面，将草图 3 投影到修剪面上，如图 5.244 所示。

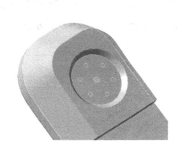

图 5.244　投影草图至曲面

步骤 30：单击分割图标 ，依次选择底面和第 29 步的投影，分割底面，如图 5.245 所示。

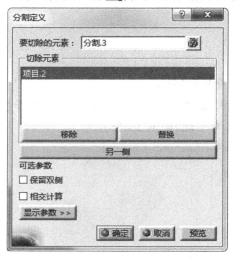

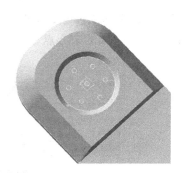

图 5.245　分割底面

步骤 31：单击边界图标 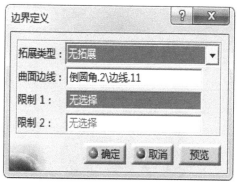，选择填充曲面的下边界圆弧，如图 5.246 所示。

图 5.246　提取下边界圆弧

步骤 32：单击点图标 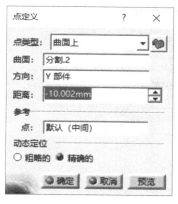，在分割底面上取一点，距离为"－10.002mm"，如图 5.247 所示。

图 5.247　生成点

步骤 33：单击圆图标 ，选择提取边界端点和第 32 步生成的点，生成三点圆弧，并且以上表面为支持面，如图 5.248 所示。

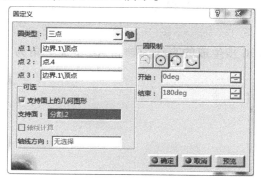

图 5.248　生成三点圆弧

步骤 34：单击接合图标 ，选择第 33 步的圆弧和第 31 步的边界，将二者合并，如图5.249 所示。

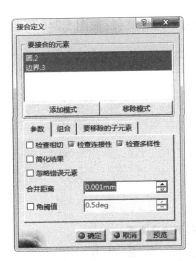

图 5.249　接合圆弧与下边界

步骤 35：单击点图标，生成坐标原点：X = Y = Z = 0，如图 5.250 所示。

图 5.250　生成点

图 5.251　生成直线

步骤 36：单击直线图标，生成从原点开始、沿 X 轴方向、长度为"20mm"的线段，如图 5.251 所示。

步骤 37：单击平面图标，生成以第 36 步生成的直线为轴和 XZ 平面夹角为"- 15°"的平面，如图 5.252 所示。

图 5.252　生成平面

步骤 38：单击平面图标 ，生成和第 37 步平面距离为"10mm"的偏移平面，如图 5.253 所示。

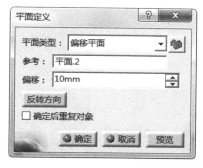

图 5.253 生成偏移平面

步骤 39：选择第 38 步平面，绘制草图 4 并约束，如图 5.254 所示。

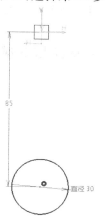

图 5.254 绘制草图并添加约束

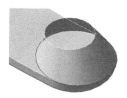

图 5.255 生成多截面曲面

步骤 40：单击多截面曲面 ，选择草图 4 和第 34 步接合曲线，如图 5.255 所示。

步骤 41：单击分割图标 ，依次选择第 17 步生成的分割面和第 34 步生成的合并曲线，剪掉曲线内部，如图 5.256 所示。

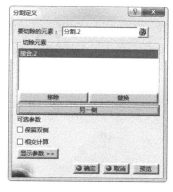

图 5.256 切除多截面曲面内部

步骤 42：单击填充图标 ，选择放样上部边界曲线，填充如图 5.257 所示。

图 5.257　填充放样上部边界曲线

图 5.258　绘制草图并添加约束

步骤 43：选择第 42 步的平面，进入草图绘制界面，绘制草图 5，即 3 个平行长槽，宽度为 2 mm，长度为 8 mm，间距为 4 mm，倾斜角为 75°，如图 5.258 所示。

步骤 44：单击分割图标 ，依次选择第 42 步生成的填充曲面和第 43 步生成的草图 5，分割 3 个长槽，如图 5.259 所示。

图 5.259　切除平行长槽

步骤 45：单击接合图标 ，选择上述生成的所有外表面，将它们合并在一起，如图 5.260 所示。

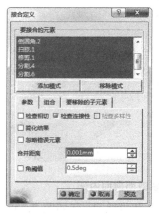

图 5.260　接合外表面

步骤 46：单击倒圆角图标 ，选择"相交边线 4"，圆角半径为"10mm"，如图 5.261 所示。

图 5.261　倒圆角

步骤 47：单击可变圆角图标 ，选择"相交边线 6"，圆角半径为"10mm"，在圆弧两端点分别单击鼠标，输入圆角半径为"0mm"，如图 5.262 所示。

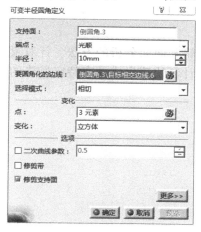

图 5.262　定义可变半径圆角

步骤 48：单击倒圆角图标 ，选择如图 5.263 所示，输入圆角半径为"3mm"。

图 5.263　倒圆角

至此,电话筒实体模型创建完成,最终效果如图 5.264 所示。

图 5.264 　 电话筒实体模型

本章小结

本章介绍了曲面特征的创建、曲面特征的编辑和曲面分析的方法。针对复杂曲面设计,CATIA 突显出自身优势,其曲面设计模块允许设计者快速生成具有特定风格的外形及曲面,并可以针对曲面质量进行分析。

第 **6** 章
装　配

装配工作台提供灵活且直观的工具,用来确定某个零件与其他零件的关系。正如特征可合并为零件一样,零件也可以合并为装配件。装配工作台允许用户将各个组成零件和各种子装配件组合到一起以形成最终的装配件,并仍然可以对零件进行设计,因此可获得符合上下文关系零件装配的适当设计。

在装配环境中,根据定义的约束,零件可以被修改、分析以及重定位等。为了加速部件的初步组装,在装配环境中也可使用无约束定义的零件放置方式。在装配模式下,可以通过捕捉定位零件,也可以通过各种平移和旋转工具来拖动零件并放置到恰当的位置。

6.1　创建装配文档

装配文档不同于零件建模文档。零件建模以几何体为主,而装配所操作的对象是由多个几何体构成的组件,不同的对象也导致了在建立过程中不同的操作方法。在装配文档中,设计者可以重新排列产品的结构,动态地把零件拖放到指定的位置或对某一几何体进行修改等操作。进入装配工作台后,系统会自动默认新建一装配文档,可以将左侧的设计树中"product"改为装配文档的名称。

新建的装配文档中没有任何几何形状,在逻辑装配关系上也没有任何子装配和零件,利用插入工具可以从逻辑和几何两个方面添加装配组件。对创建的装配文件主要有以下几方面操作:

- 插入新的组件:这里的组件包括新产品、新零件、标准件、现有零件等。
- 编辑零件:在装配文档中可以对一个零件进行编辑,在设计树上双击需要编辑的零件,系统将自动切换到零件的设计模块。
- 更新零件:插入新组件或者对零件进行编辑之后,都有可能产生需要更新的部分,通过零件的更新,实现适当的装配关系。

6.2　装配环境

CATIA 提供各种工具允许用户构造、引导以及组织零件和子装配件,以此来创建装配。这些工具可以产生具有良好逻辑组织关系的产品设计,其各个部件分别处于单独的、相关的文档中。

因此,通过使用装配文档,用户可从一个文档关联到另一个文档,而且可以在两个或多个文档之中编辑设计和创建关联。使用装配文档同时还可以复制和粘贴部件、添加约束、添加新的部件、载入已有模型、修改部件以及创建尺寸或几何关联约束。

6.2.1　装配工作台

在 CATIA V5 中有多种创建新装配文档的方法,如图 6.1 所示即为其中的例子之一,可依次单击“开始”→“机械设计”→“装配设计”启动装配工作台。

图 6.1　启动装配设计工作台

6.2.2　装配用户界面

装配用户界面如图 6.2 所示,除了配置树以外,其余部分与零件界面相同。正如零件包含特征一样,装配件也包含零件和其他文档。装配件配置树包含构成装配件的所有文档,可以包含不属于本地 CATIA V5 格式的其他参考文档类型。

在 CATIA V5 中,部件装配的规则与原型制作车间中有形的零件装配规则一样。最终的装配件分解为子装配件,这些子装配件可能再进一步划分为单独的零件。机械系统的装配设计方法应遵循与物理构造相同的顺序,这一点有助于确保将现实中的制造过程反映到设计中,并且说明所有必需的材料。CATIA V5 提供的部件装配功能与预期的有形部件装配顺序一致。

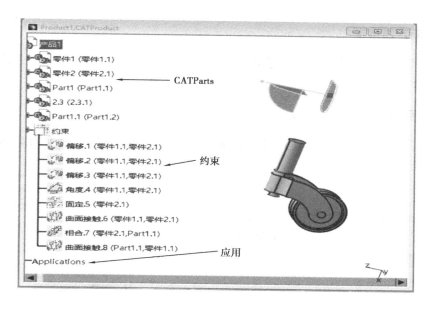

图 6.2 装配设计用户界面

6.3 产品结构工具栏

位于装配工作台中的"产品结构工具"工具栏如图 6.3 所示。装配(或产品结构)环境可支持多种不同类型的文件格式,支持的格式根据 CATIA V5 的许可类型而有所不同。

本节主要介绍产品结构工具工具栏中的各选项。注意,在需要选择"产品结构工具"工具栏中的选项时,必须首先单击配置树中的"产品结构工具"图标。

6.3.1 新部件选项

"新部件"选项通过图标 访问,它用于在已装配中创建新的部件,创建新部件的例子如图 6.4 所示。

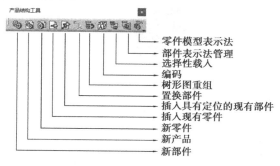

图 6.3 "产品结构工具"工具栏

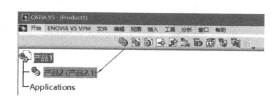

图 6.4 创建新部件

6.3.2　新产品选项

"新产品"选项通过图标访问，它用于在已有装配中创建新的产品，创建新产品的例子如图 6.5 所示。

6.3.3　新零件选项

"新零件"选项通过图标访问，它用于在已有装配中创建新的零件，创建新零件的例子如图 6.6 所示。

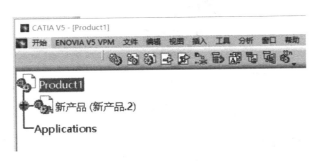

图 6.5　创建新产品

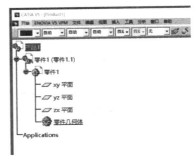

图 6.6　添加新零件

6.3.4　现有部件选项

"现有部件"选项通过图标访问，它用于在当前装配中插入现有的部件。单击图标，弹出的窗口中包含可用于插入装配中的文件格式选项。将现有的部件插入到装配中的例子如图 6.7 所示。

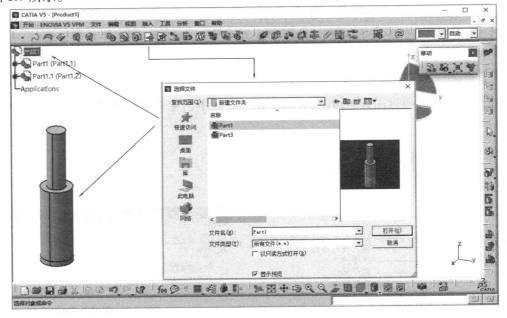

图 6.7　插入现有部件

6.3.5　替换部件选项

"替换部件"选项通过图标 ![icon] 访问,它用于向当前装配中插入用户数据库中已有的另一个部件。单击替换部件图标,弹出的对话框窗口中包含置换部件的一系列选项如图 6.8 所示,用户可以接受或拒绝每个将要插入装配中的置换部件。

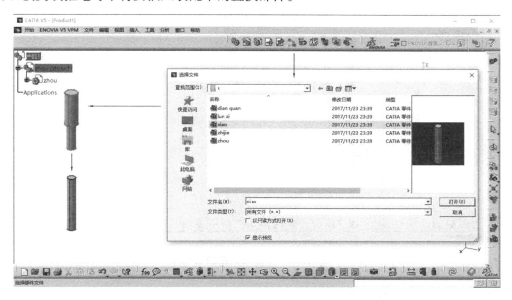

图 6.8　替换部件

6.3.6　图形树重新排列选项

"图形树重新排列"选项通过图标 ![icon] 访问,它用来重新排列装配配置树中各部件的顺序。单击图形树重新排列图标弹出一个对话框,用户可以在其中通过向上和向下箭头来重新排列部件的顺序,如图 6.9 所示。

6.3.7　生成编号选项

"生成编号"选项通过图标 ![icon] 访问,用于为现有装配中的当前部件添加有序标号(用数字或字母)。这种编号示例如图 6.10 所示。

6.3.8　选择性加载选项

"选择性加载"选项通过图标 ![icon] 进行访问,这时将显示一个弹出式对话窗口,用户可以独立地定制需要载入装配的部件。这些部件可以选择在装配中插入、显示或者隐藏。选择性(自定义)载入的例子如图 6.11 所示。

6.3.9　管理展示选项

"管理展示"选项通过图标 ![icon] 进行访问,它用于管理装配当前模型表示法的类型。例如可以激活、钝化、移除、置换模型,也可以通过单击"管理展示"选项弹出的对话框关联模型部件。

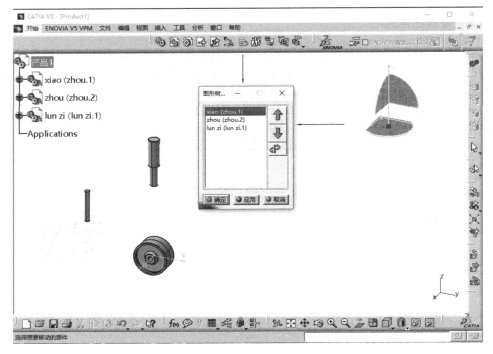

图 6.9 产品图形树重新排列

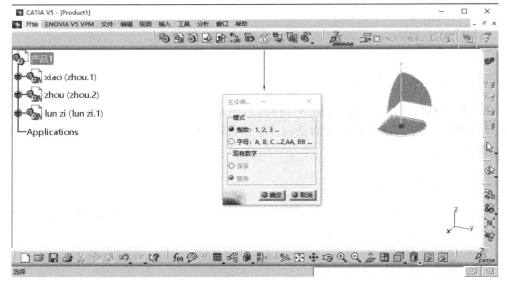

图 6.10 生成编号

管理展示如图 6.12 所示。

6.3.10 零件模型的表示方法选项

根据 CATIA V5 的许可和选定的配置选项通过"缓存管理"选项选择,CATIA V5 对装配环境中的模型(通过"可视化模式"选项)提供轻量级的图形化表示。在管理大型装配时,该选项尤其重要。用户可以有选择性地将模型的整个历史记录载入设计会话中。

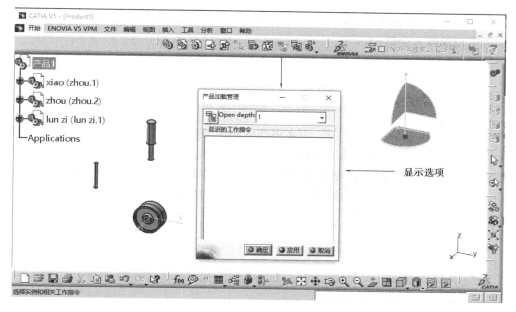

图 6.11 选择性加载

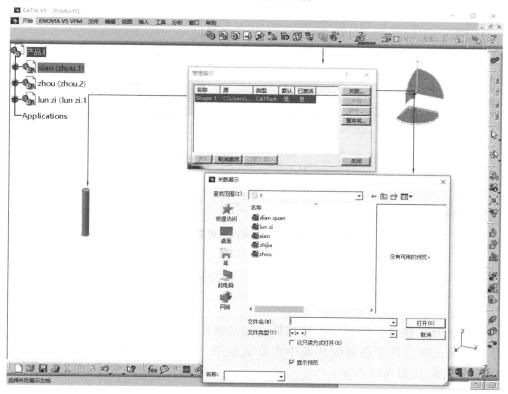

图 6.12 管理展示

该管理方式以一种更有效的方式利用计算机的内存空间,从而使大型的装配更易于管理,并且可加快载入速度。

模型的表示法也可以通过选择零件并单击 MB3 来进行管理。这时将出现一个快捷菜单,允许用户快速选择需要的表示法。另外,双击一个轻量级的可视化模型可自动将该模型的整个历史记录载入会话中。

6.4 约束与定位

CATIA V5 提供了一组装配工具,用来将部件固定、定位和约束到装配中。装配约束用于控制装配中如何传送部件之间的设计修改。部件可以被定位、约束或非约束,根据装配需要的关系而定。然而,对于创建需要获得理想关系的零件装配来说,装配约束往往是必需的。装配约束位于配置树多重实例的约束部分中,如图 6.13 所示。

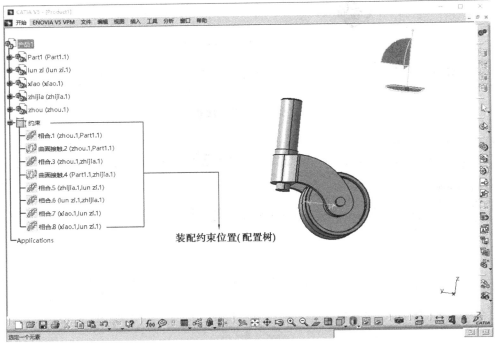

图 6.13 装配约束位置

6.5 约束工具栏

"约束"工具栏包含各种用于创建部件之间的装配约束的选项。其他选项可用于在装配环境中多重复制用户数据库中已有的模型,如图 6.14 所示。

注意:

通过配置树中的部件顺序和选择顺序可确定哪个部件将要捕捉到另一个部件上。一个部件总要捕捉到一个固定部件上,而且不管选择的顺序如何。

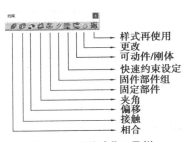

图 6.14 "约束"工具栏

6.5.1　相合

相合约束主要用于对齐两个部件的中心线。"相合"选项通过图标 ⊘ 进行访问,它用于创建相合约束,根据选择的部件元素(两条中心线)的不同,可获得不同类型的相合约束,相合约束的图形符号是两个绿色的圆。用于对齐两条中心线的相合约束的例子如图 6.15 所示。

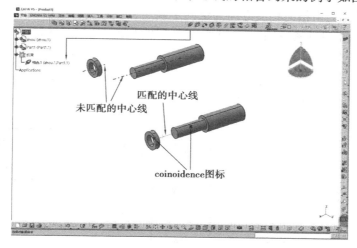

图 6.15　创建相合约束

6.5.2　接触

"接触"约束主要用于把两个部件的二维表面贴合在一起。通过图标 ⊕ 访问接触选项,它可以使两个选定的表面相合共面。共面表面的方向由指向相反方向的法向量确定。根据选定的部件元素的不同,可以获得各种不同种类型的接触约束。

用于接触约束进行贴合的例子如图 6.16 所示。

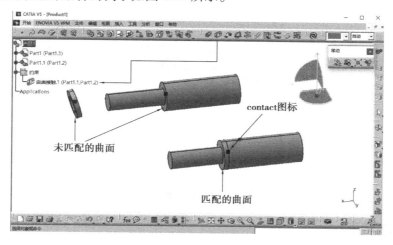

图 6.16　创建接触约束

6.5.3 偏移约束

"偏移约束"选项主要用于将两个部件的二维表面按一定的长度偏移距离贴合在一起。该命令选项通过图标 访问。偏移约束对话框窗口,如图 6.17 所示,用户可以在其中设置两个部件的方位和偏移距离,利用偏移选项使两个选定的表面相互共面(按指定距离,如前所述)。共面表面的方向由指向相反方向的法向量确定,可以选择这些向量来改变相应部件的方向。根据选定的部件元素不同,可以获得不同类型的偏移约束。选定元素可用偏移选项如图 6.18 所示。

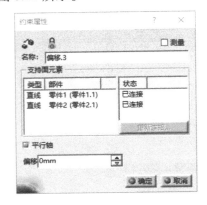

图 6.17 创建偏移约束

	点	直线	平面	二维表面
点	×	×	×	
直线	×	×	×	
平面	×	×	×	×
二维表面			×	×

图 6.18 偏移选项

用于偏移约束进行贴合的例子如图 6.19 所示。

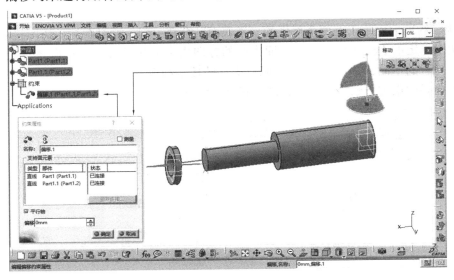

图 6.19 偏移约束实例

6.5.4 角度约束

角度约束主要用于约束两个二维表面。该命令选项通过图标 访问。单击角度图标,出现角度约束对话框窗口,如图 6.20 所示。用户可以在其中指定控制这两个部件方向的设置,以及定义它们之间的角度。

根据选定的部件元素的不同,可以获得不同类型的夹角约束。

使用角度选项对两个表面进行约束的例子如图 6.21 所示。

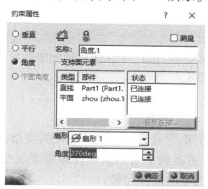

图 6.20 创建夹角约束

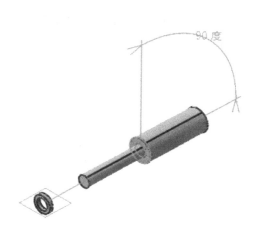

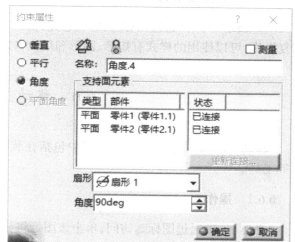

图 6.21 夹角约束实例

6.5.5 固定部件

"固定部件"约束用于把一个部件固定于坐标系空间中,以免在模型更新时部件位置发生移动。该命令选项通过图标 访问。这种约束以一个绿色的锚符号表示,如图 6.22 所示。

图 6.22 固定部件

技巧:至少固定一个与所有其他零件都关联的部件。(这是个良好的习惯)

6.5.6 固联约束

固联约束是将两个部件固定在一起,该命令选项通过图标 访问。

6.5.7　快速约束

快速约束是根据选定的元素创建最可能的约束,该命令选项通过图标█访问。

6.5.8　柔性/刚性装配

柔性/刚性装配通过图标█访问,用户可以移动装配中的可动件和刚体接合点(要获取关于可动件/刚体约束的更多信息)。

6.5.9　更改约束

"更改"选项通过图标█访问,它允许用户更改约束的类型,而不需要将该约束删除,然后再创建新的约束。用户可以在更改约束对话框中设置需要改变的约束类型。但是某些约束类型不允许被修改,这取决于选定的部件元素。

6.5.10　重复使用约束

"重复使用约束"通过图标█访问,它允许用户依照零件设计中的样式来对装配部件进行重复操作,可以使用的样式有矩形、圆形和用户自定义样式。

6.6　移动工具栏

"移动"工具栏如图 6.23 所示,其中包括在装配环境中对部件快速定位、平移、旋转和操作等工具。

6.6.1　操作

"操作"选项通过图标█访问,单击该图标将显示"操作参数"对话框,如图 6.24 所示。用户可以在此窗口中用鼠标自由移动任何部件。这种实时自由操作可影响选定部件的平移或旋转的自由度。

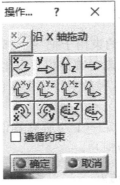

图 6.23　"移动"工具栏　　　　图 6.24　"操作"窗口

6.6.2 捕捉

"捕捉"选项通过图标访问。它的作用是将一个部件的选定元素捕捉到另一个部件的选定元素上。该选项提供了在装配中确定部件方向的简单方法。需要捕捉的元素必须属于处于激活状态的部件。

6.7 智 能 移 动

"智能移动"选项通过图标访问。使用智能移动对话框可以创建约束,如图 6.25 所示。

6.7.1 装配爆炸

"爆炸"选项通过图标访问,它在装配中将基于现有约束的装配展开。爆炸选项只考虑轴之间和平面之间的共线约束。如图6.26所示,"爆炸"对话框提供了各种在爆炸环境中操作约束部件的工具。

技巧:在可能用到爆炸选项的装配中至少圈定一个零件。

6.7.2 碰撞停止

通过图标访问"碰撞停止"选项,其作用在于检测到干涉情况时马上自动停止部件的移动。在装配中,动态移动零件或在动态模拟时可用到该选项。

图 6.25 "智能移动"对话框

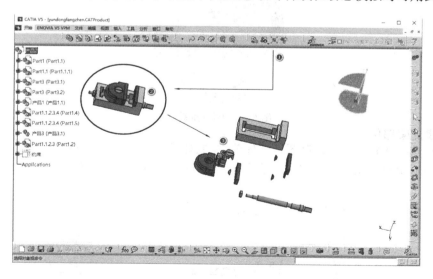

图 6.26 装配爆炸示意图

6.8　实例演练

6.8.1　实例 1:脚轮装配

1) 创建轮子部件

步骤 1:选择 XY 平面进入草图设计,绘制如图 6.27 所示的草图。

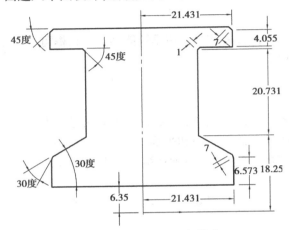

图 6.27　绘制草图并添加约束

步骤 2:以 X 轴作为旋转轴旋转实体,结果如图 6.28 所示。

图 6.28　创建旋转体

2) 创建支架部件

步骤 1:选择 XY 平面进入草图设计环节,绘制如图 6.29 所示的草图。

步骤 2:退出草图工作台,选择"凸台"命令进行拉伸实体,拉伸长度为 38.1 mm,结果如图 6.30 所示。

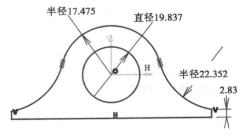

图 6.29　绘制草图并添加约束

图 6.30　拉伸凸台

步骤 3：创建第二个零件部件。在"机械设计/零件设计"工作环境，绘制偏移平面，结果如图 6.31 所示。

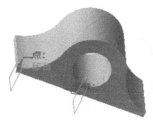

图 6.31　创建偏移平面

步骤 4：创建支架凸耳的实体。选择上一步所建平面进入草图设计环境，绘制如图 6.32 所示的草图。

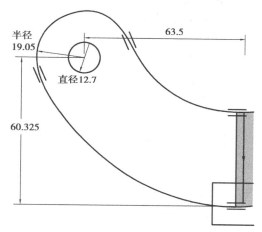

图 6.32　绘制草图并添加约束

步骤 5：退出草图工作台，选择"凸台"命令拉伸实体，拉伸长度为 7.85 mm；单击"变换特征"工具栏中的"镜像"，选择 YZ 平面作为镜像元素，即可得到凸耳的实体模型，结果如图6.33所示。

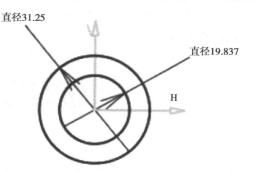

图 6.33　拉伸凸台并镜像　　　　　　　　图 6.34　绘制草图并添加约束

3）绘制垫圈部件图

步骤 1：绘制垫圈草图。选择 XY 平面进入草图设计环境，绘制如图 6.34 所示草图。

213

步骤2:退出草图工作台,选择"凸台"命令拉伸实体,拉伸长度为7.98 mm,结果如图6.35所示。

4)绘制脚轮轴部件

步骤1:选择XY平面进入草图设计环境,绘制如图6.36所示草图。

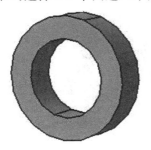

图6.35 拉伸凸台

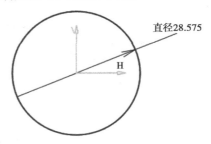

直径28.575

图6.36 绘制草图并添加约束

步骤2:退出草图工作台,选择"凸台"命令拉伸实体,拉伸长度为71.425 mm。

步骤3:选择轴两端的任意一平面,进入草图工作台,绘制如图6.37所示的草图。

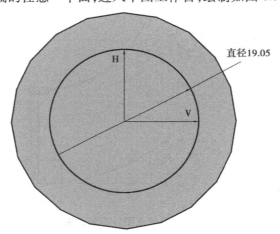

直径19.05

图6.37 绘制草图并添加约束

步骤4:退出草图工作台,选择"凸台"命令拉伸实体,拉伸长度为55.575 mm。

步骤5:选择"倒圆角"命令,选择脚轮轴的边线进行倒圆角;选择"长度/角度"模式,长度为1 mm,角度为45°,结果如图6.38所示。

图6.38 倒圆角

5)绘制销部件

步骤1:选择XY平面进入草图设计环境,绘制如图6.39所示草图。

步骤2:退出草图工作台,选择"凸台"命令拉伸实体,拉伸长度为82.55 mm。

步骤3:选择"倒圆角"命令,选择销的两边线进行倒圆角。选择"长度/角度"模式,长度为0.254 mm,角度为45°。绘制结果如图6.40所示。

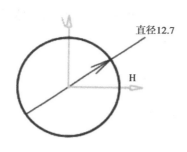

直径12.7

H

图 6.39　绘制草图并添加约束

图 6.40　倒圆角

6) 部件的装配

新建装配文件,在计算机桌面上双击 CATIA 快捷键图标进入基本环境,然后选择
"开始"→"机械设计"→"装配设计"命令,进入装配设计界面。

步骤 1:添加组件。在"产品结构工具"栏中单击"插入现有组件"按钮⊞,在特征树中选
择产品 1,弹出"文件选择"对话框,然后选择组件,进入装配设计界面,如图 6.41 所示。

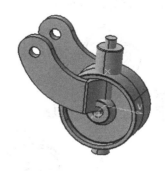

图 6.41　插入现有组件

步骤 2:在树中选择零件实体,单击鼠标右键,在弹出的快捷菜单中选择"属性"命令,进
入"属性"编辑定义,输入实体名称和零部件号,如图 6.42 所示。

图 6.42　编辑实体名称及零部件号

步骤 3：在"移动"工具栏中单击"操作"按钮🔧，弹出"操作参数"对话框。然后选择移动的方式，将零件移动到一个便于观察的区域，如图 6.43 所示。

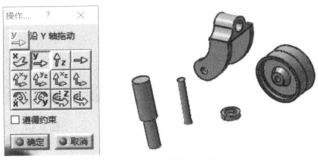

图 6.43　移动各个组件

步骤 4：在"约束"工具栏中单击"相合约束"按钮🔗，选择支架和脚轮轴的轴线，单击"更新"按钮🔄定义共轴约束，如图 6.44 所示。

步骤 5：在"约束"工具栏中单击"相合约束"按钮🔗，选择脚轮轴和支架的中心线，单击"更新"按钮🔄，结果如图 6.45 所示。

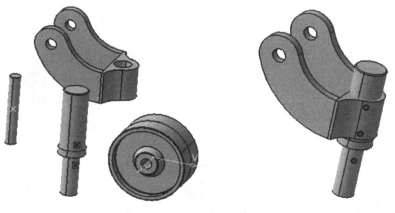

图 6.44　创建相合约束　　　　　　图 6.45　更新产品

步骤 6：在"插入"中选择"接触"按钮📎，选择如图 6.46 所示的面，单击"更新"按钮🔄。

步骤 7：在"约束"工具栏中单击"相合约束"按钮，选择销的中心面和轮子的中心线，如图 6.47 所示。

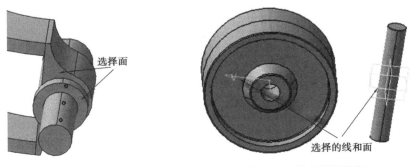

图 6.46　创建接触约束并更新产品　　　图 6.47　创建相互约束

步骤 8:在"约束"工具栏中单击"相合约束"按钮,选择销的中心线和轮子的中心线,单击"更新"按钮,如图 6.48 所示。

步骤 9:在"约束"工具栏中单击"相合约束"按钮,选择轮子的中心面和支架的中心线,单击"更新"按钮,如图 6.49 所示。

图 6.48　装配更新

图 6.49　创建相合约束并更新产品

步骤 10:在"约束"工具栏中单击"相合约束"按钮,选择轮子的中心面和支架的中心面,单击"更新"按钮,最后的装配体如图 6.50 所示。

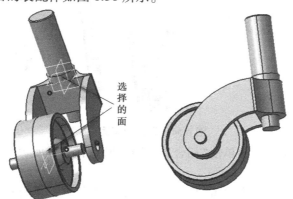

图 6.50　创建相合约束并更新产品

6.8.2　实例 2:虎头钳的装配

虎头钳的装配体如图 6.51 所示。

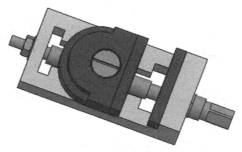

图 6.51　虎头钳装配图

217

对这个装配体,我们可以分为两部分进行装配。第一部分为台上的装配,如图 6.52 所示,第二部分为支撑架的装配,如图 6.53 所示。

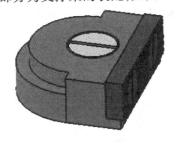

图 6.52　台上装备

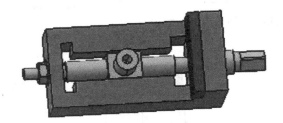

图 6.53　支撑架的装备

1)装配台上体

步骤 1:进入 CATIA,选择菜单中的装配设计,选择产品类型,产生新的装配文件。

步骤 2:单击图标,在弹出的文件选择对话框中依次选择零件文件并全部加入装配体中,如图 6.54 所示。

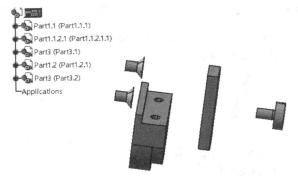

图 6.54　插入现有组件

步骤 3:在"约束"工具栏中单击"相合约束"按钮,选择如图 6.55 所示的螺纹孔中心线和螺纹中心线。

步骤 4:在"约束"工具栏中单击"接触"按钮,选择螺纹的下表面和螺纹孔的上表面,单击"更新"按钮,如图 6.56 所示。

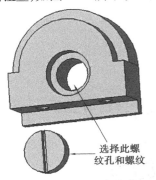

选择此螺纹孔和螺纹

图 6.55　创建相合约束

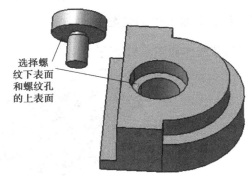

选择螺纹下表面和螺纹孔的上表面

图 6.56　创建接触约束

步骤 5:在"约束"工具栏中单击"相合"按钮,选择如图 6.57 所示的螺纹孔,进行两次相合命令。

步骤 6：在"约束"工具栏中单击"接触"按钮，选择螺纹的下表面和螺纹孔的上表面，单击"更新"按钮◙，如图 6.58 所示。

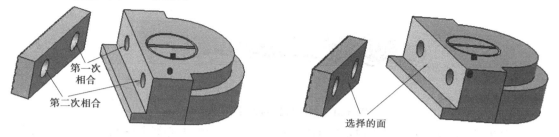

第一次相合

第二次相合

图 6.57　重复创建相合约束

选择的面

图 6.58　创建接触约束并更新产品

步骤 7：在"约束"工具栏中单击"相合"按钮，选择如图 6.59 所示的面，单击"更新"按钮◙。

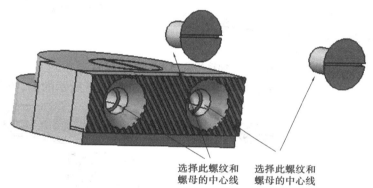

选择此螺纹和
螺母的中心线

选择此螺纹和
螺母的中心线

图 6.59　创建相合约束并更新产品

步骤 8：在"约束"工具栏中单击"接触"按钮，选择如图 6.60 所示的面，单击"更新"按钮◙。至此，台上的装配就完成了。

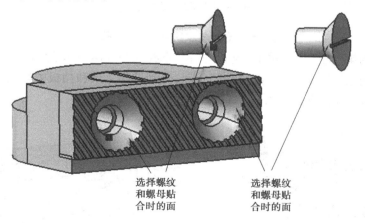

选择螺纹
和螺母贴
合时的面

选择螺纹
和螺母贴
合时的面

图 6.60　创建接触约束并更新产品

2）支撑架的装配

步骤 1：在"约束"工具栏中单击"接触"按钮，选择如图 6.61 所示的面，单击"更新"按钮。

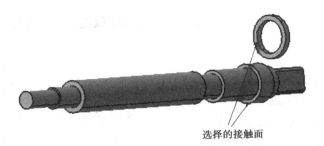

图 6.61 创建接触约束并更新产品

步骤 2：在"约束"工具栏中单击"相合"按钮，选择垫圈的中心线和螺纹轴的中心线，单击"更新"按钮，结果如图 6.62 所示。

图 6.62 创建相合约束并更新产品

步骤 3：在"约束"工具栏中单击"接触"按钮，选择如图 6.63 所示的面，单击"更新"按钮。

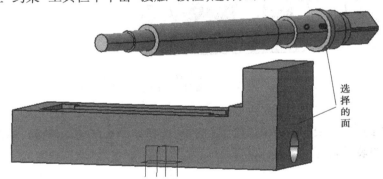

图 6.63 创建接触约束并更新产品

步骤 4：在"约束"工具栏中单击"接触"按钮，选择如图 6.64 所示的面，单击"更新"按钮。

步骤 5：在"约束"工具栏中单击"相合"按钮，分别选择支架和挡板的螺纹孔的中心线，单击"更新"按钮，结果如图 6.65 所示。

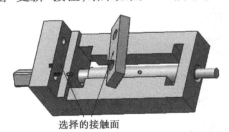

图 6.64 创建接触约束并更新产品

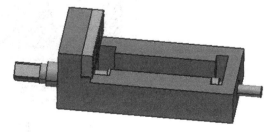

图 6.65 创建相合约束并更新产品

步骤 6：在"约束"工具栏中单击"相合"按钮，选择支架的螺纹孔和螺纹轴的中心线。单击"更新"按钮，结果如图 6.66 所示。

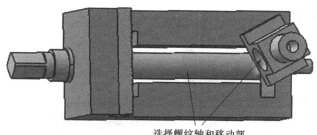

选择螺纹轴和移动部
件的螺纹孔的中心线

图 6.66　创建相合约束并更新产品

步骤 7：在"约束"工具栏中单击"接触"按钮，选择如图 6.67 所示的面，单击"更新"按钮。

选择的接触面

图 6.67　创建接触约束并更新产品

步骤 8：在"约束"工具栏中单击"相合"按钮，选择螺纹轴和垫圈的中心线，单击"更新"按钮，结果如图 6.68 所示。

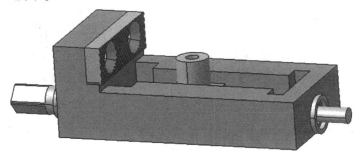

图 6.68　创建相合约束并更新产品

步骤 9：在"约束"工具栏中单击"接触"按钮，选择如图 6.69 所示的面，单击"更新"按钮。

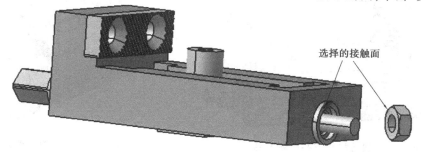

选择的接触面

图 6.69　创建接触约束并更新产品

步骤 10：在"约束"工具栏中单击"相合"按钮，选择螺纹轴和螺母的中心线，单击"更新"

按钮。至此,支撑架就装配完成。装配结果如图 6.70 所示。

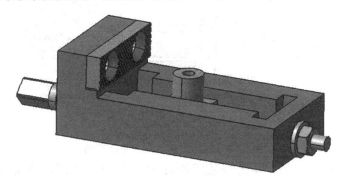

图 6.70　创建相合约束并更新产品

3) 插入已装配部件

导出前面所装配好的两部分,结果如图 6.71 所示。

4) 组装

步骤 1:在"约束"工具栏中单击"相合"按钮,选择如图 6.72 所示的中心线。

图 6.71　插入已装配部件

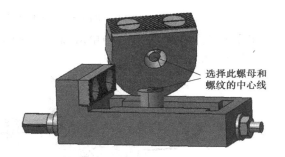

选择此螺母和螺纹的中心线

图 6.72　创建相合约束

步骤 2:在"约束"工具栏中单击"接触"按钮,选择如图 6.73 所示的面,单击"更新"按钮。以上便是虎头钳的全部装配过程。装配结果如图 6.74 所示。

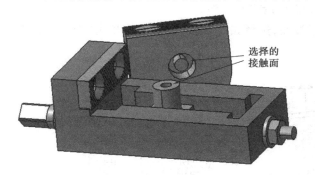

选择的接触面

图 6.73　创建接触约束并更新产品

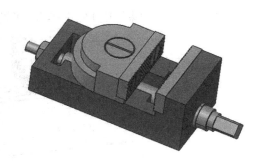

图 6.74　虎头钳完整装配图

本章小结

  装配就是将各个零件按一定的位置关系组合在一起。相应地,在 CATIA 中装配时,可以调入独立的零件,也可以调入子装配件。在创建大型的复杂装配件中,往往先将相关的零件装配成子装配件,再将子装配件与零件组合在一起生成最后的总装配件。

  本章主要介绍了一些装配体的设计和装配过程。通过本章的学习,读者应能熟悉装配体的创建过程,熟练掌握装配模式下装配件的创建方法。

第 7 章

工程图

工程绘图模块可以从 3D 零件或装配件生成相关联的 2D 图纸。该模块提供了灵活可扩展的解决方案,能满足钣金、曲面和用混合建模方法建立的零件或装配件对工程绘图的需求。图纸创建助手或向导简化了多视图工程图的生成,也可以自动生成 3D 标注。用户可以将图案与零件材质规范关联起来,并利用标准的修饰特征添加后生成的标注。2D 图纸与 3D 主模型之间的关联性使用户可以进行设计和标注的并行工作。

7.1 工程图样简介

工程图样设计环节示意图如图 7.1 所示。

CATIA 支持从零开始的二维工程图的绘制,但一般在实际应用中都是从一个三维零件或者产品开始,因此在生成三视图时一般需要有一个零件文档和一个图样文档,如图 7.2 所示。

7.1.1 设计流程

工程图样的一般设计流程如下:

①完成零件或者产品的设计;

②生成一个工程图文档,通过视图工具栏添加视图;

③添加各个视图的标注;

④添加图框及标题栏。

7.1.2 工具栏

工程图工作台中有多个独有的工具栏,如图 7.3 所示。

7.1.3 生成工程图

在创建一个工程图样之前必须首先对工程图样进行定义,有关的图样操作都在该图样界面下进行。具体步骤如下:

步骤 1:依次单击"文件"→"新建"命令,在"新建"对话框中选择工程图样类型,如图 7.4 所示。

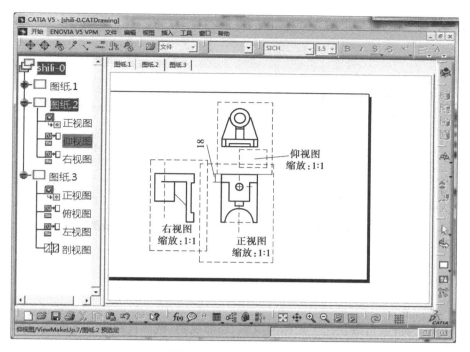

图 7.1　工程绘图示意图

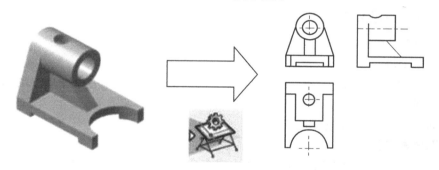

图 7.2　一个零件文档和图样文档

图 7.3　工具栏

步骤 2:单击"新建"对话框中的"确定"按钮,在弹出的"新建绘图"对话框中对图样的尺寸进行定义,选择 ISO 标准下的 ANSI,如图 7.5 所示。

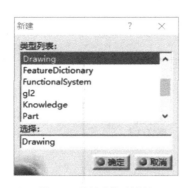

图 7.4　"新建"对话框

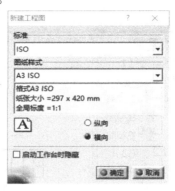

图 7.5　工程制图图幅设置

7.2　零件视图

通过视图工具栏,可以快速生成标准视图、局部视图、截面视图等。下面逐一介绍如何生成各种视图。

7.2.1　视图的初步绘制

零件图样和装配图样可以生成三视图。

1)主视图工具

单击"主视图"工具按钮 ,然后切换到零件设计工作台,选择主视图后自动返回到工程图工作台,在此工作台下可以利用右上角的圆盘调整主视图,如图 7.6 所示。完成后单击圆盘的中心圆按钮,即可完成主视图的生成。

2)视图向导工具

通过"视图向导"工具按钮 可以快速生成多个标准视图。单击"视图向导"工具按钮 后即弹出视图向导对话框,如图 7.7 所示,可以在该对话框中添加各个标准视图。

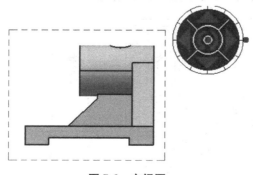

图 7.6　主视图

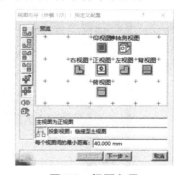

图 7.7　视图向导

3)投影视图

在主视图已经确定的情况下,可以根据主视图生成侧视图和俯视图。在视图工具栏中单击 按钮,然后在主视图上拖动鼠标,在合适的位置上安置侧视图。

7.2.2　创建剖视图

在大多数情况下,三视图不足以表达一个零件的构造,所以就要建立剖视图。通过剖视图可以更加清晰地表达零件的结构。创建剖视图有其专有的子工具栏。首先在标准视图中画上剖切线,然后双击剖切线就可以生成剖视图,拖动鼠标就可以安置剖视图的位置。

生成的剖视图如图 7.8 所示。

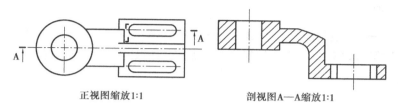

正视图缩放1:1　　　　　　　剖视图A—A缩放1:1

图 7.8　生成的剖视图

7.2.3　局部放大视图

在有些时候,零件比较复杂,仅剖视图不能完整地表现零件结构,此时可以选择局部视图来表达。在视图工具栏中单击按钮,选择局部视图的圆心,拖动鼠标设定局部视图的半径,并定义该局部视图的比例,然后拖动鼠标将局部视图安置在合适的位置。生成的局部放大视图如图 7.9 所示。

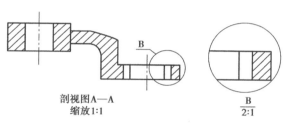

剖视图A—A
缩放1:1　　　　　　　　$\dfrac{B}{2:1}$

图 7.9　局部放大视图

7.2.4　创建局部剖视图

有时候只需要在局部表达剖视图,此时就要用到局部剖视图。通过剖视图可以生成局部剖视图,如图 7.10 所示即为生成的局部剖视图。

7.2.5　打断视图

对于一些零件,可以通过打断视图简化工程图的绘制。如图 7.11 所示即为打断视图。

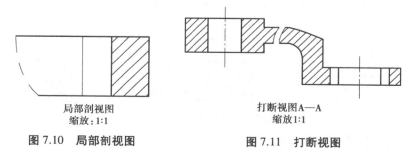

局部剖视图
缩放: 1:1　　　　　　　　打断视图A—A
　　　　　　　　　　　　　缩放1:1

图 7.10　局部剖视图　　　　图 7.11　打断视图

227

7.3　标　注

CATIA V5R20 版本提供了强大的标注工具,可以对标注的格式和风格进行设置。

7.3.1　标注格式

单击"工具"→"参数"命令,在弹出的对话框中选择"工程制图"功能中的"尺寸"项,如图 7.12 所示。在这里可以对尺寸的标注风格进行设置,在尺寸定义区域选择一般选项,可以对尺寸标注进行一般定义。

图 7.12　对尺寸的标注风格进行设置

7.3.2　手动标注

尺寸标注是非常重要的一步,直接影响实际生产与加工。如图 7.13 所示即为直接添加标注的工具栏。通过此工具栏,可以添加线性标注,如长度、距离、半径、直径、倒角、螺纹等多个特征。

图 7.13　尺寸标注工具栏

添加标注后的工程图如图 7.14 所示。

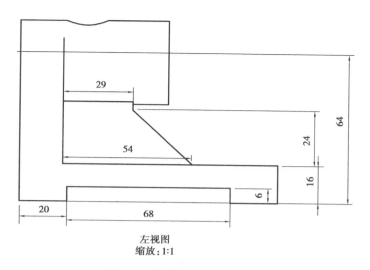

左视图
缩放：1:1

图 7.14　添加标注后的工程图

7.3.3　自动标注

对于相当一部分零件，在草图绘制及三维造型时已经添加了尺寸，此时通过自动标注可以快速生成标注。标注自动生成工具栏如图 7.15 所示。

图 7.15　标注自动生成工具栏

7.3.4　添加注释

通过"标注"工具栏，可以添加文字等有助于理解绘图的注释，如图 7.16 所示即为"标注"工具栏。

通过"标注"工具栏，添加注释后的结果如图 7.17 所示。

图 7.16　"标注"工具栏

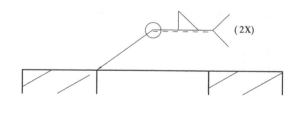

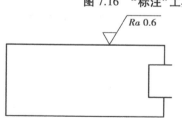

图 7.17　添加注释

7.4　图框的绘制

在一张工程图中，除了零件视图及其标注说明外，还有图框和标题栏等需要添加。在 CATIA 中，这些元素的添加与视图及标注的添加不在同一个环境中进行，需要切换到背景视图中进行。单击"编辑"→"背景"命令，即可切换到背景编辑环境。在此设计环境中可以添加图框、标题栏、BOM 表等，结果如图 7.18 所示。

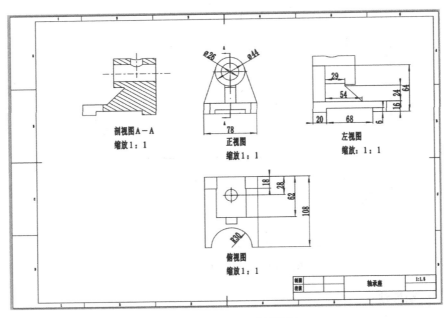

图 7.18　图框与标题栏的添加

7.5　实例演练

7.5.1　实例介绍

本例将介绍一个零件工程图的生成过程,此零件工程图相对来说较为复杂。如果通过线条绘制则用时较长,而通过三维零件直接生成工程图,效率非常高。最终生成的工程图如图7.19 所示。

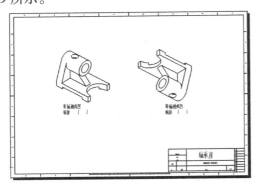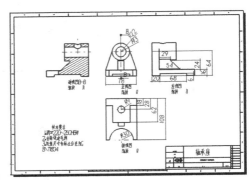

图 7.19　最终生成的工程图

7.5.2　设计步骤

1) 视图的创建

步骤 1:首先打开一个三维零件,如图 7.20 所示。

步骤 2:生成一张 A2 标准图纸,如图 7.21 所示。

图 7.20　三维零件

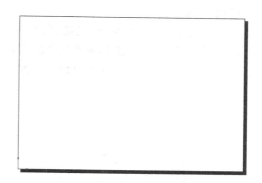

图 7.21　A2 标准图纸

步骤 3:生成两个轴测图,其中一个使用默认方向,另外一个旋转 180°,结果如图 7.22 所示。

步骤 4:生成第二张空白图纸,使用视图向导生成一个主视图、左视图和俯视图,结果如图 7.23 所示。

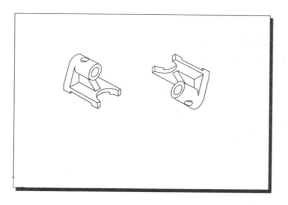

图 7.22　轴测图

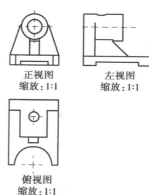

图 7.23　利用视图向导生成的标准视图

步骤 5:从主视图生成一个剖切视图,结果如图 7.24 所示。

步骤 6:调整各个视图的位置。视图生成完毕,结果如图 7.25 所示。

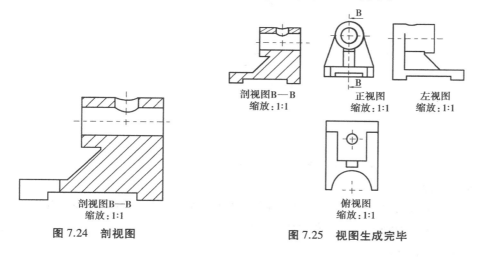

图 7.24　剖视图

图 7.25　视图生成完毕

231

2)编辑视图

视图生成完成后,有些线型、线宽、名称等需要修改或者删除,下面逐一进行调整。

步骤1:修改第一张图纸上轴测视图的名称。

步骤2:移动轴测视图的位置到如图7.26所示的位置。

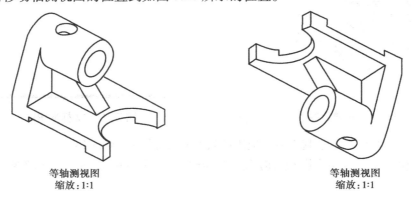

等轴测视图
缩放:1:1

等轴测视图
缩放:1:1

图7.26　第一张图编辑结果

步骤3:编辑调整局部视图的范围,调整线型与颜色。

步骤4:移动视图,第二张图纸的最终结果如图7.27所示。

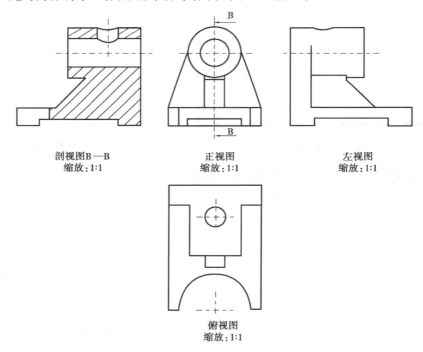

剖视图B—B
缩放:1:1

正视图
缩放:1:1

左视图
缩放:1:1

俯视图
缩放:1:1

图7.27　第二张图编辑结果

3)另存文件

由于 CATIA 主要为机械类建模软件,而 CATIA 的标注功能并不是特别完善好用,故我们将零件工程图另存为×××.dwg 格式,然后使用标注功能更加完善的 AutoCAD、CAXA 电子图板等软件进行标注、修改等。

步骤 1:依次单击"文件"→"另存为"命令,选择格式为.dwg,如图 7.28 所示。

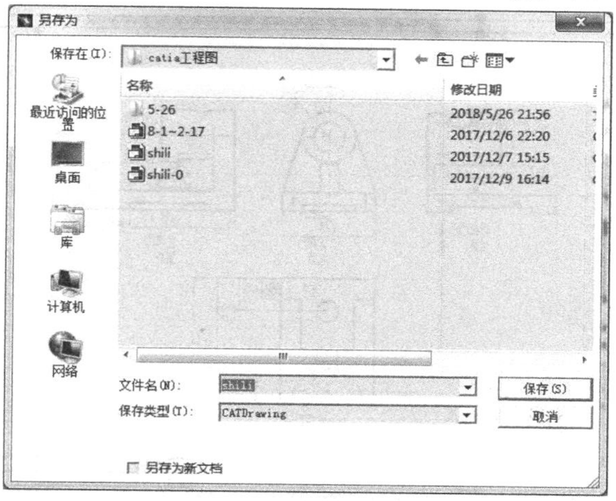

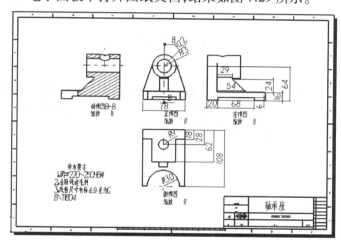

图 7.28　"另存为"对话框

步骤 2:在 CAXA 电子图板中打开图纸文档,结果如图 7.29 所示。

图 7.29　CAXA 电子图版视图

步骤 3:由于在工程图剖视图中肋不需要剖开,故修改剖视图,结果如图 7.30 所示。

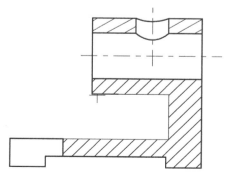

图 7.30　正确的剖视图

步骤 4：调整各个标注位置，结果如图 7.31 所示。

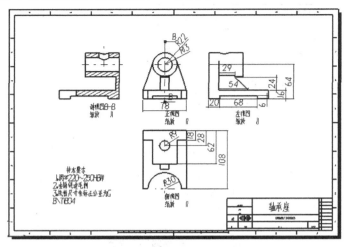

图 7.31　标注完成的工程图纸

本章小结

　　本章主要介绍了有关工程图建立的知识。通过这一章的学习，读者可以掌握建立标准的工程图、各个模型零件视图的方法，对于建立的视图能够按要求进行编辑，以及进行尺寸、注释、几何公差、表面粗糙度等的标注。

参考文献

［1］詹熙达.CATIA V5R20 快速入门教程［M］.北京:机械工业出版社,2013.

［2］雷艳源.CATIA V5 中文版基本操作与实例进阶［M］.北京:科学出版社,2008.

［3］盛选禹,陈永彭,张宏志 CATIA V5R20 基础入门教程［M］.北京:科学出版社,2012.

［4］孙凤霞,李长威.CATIA V5R20 基础实例教程［M］.北京:机械工业出版社,2012.